机器人学译丛

U0280494

[美] 马修 T. 梅森（Matthew T. Mason） 著
卡内基梅隆大学

贾振中
卡内基梅隆大学
译
万伟伟
日本大阪大学/日本产业技术综合研究所

机器人操作中的力学原理

MECHANICS OF ROBOTIC MANIPULATION

机械工业出版社
CHINA MACHINE PRESS

图书在版编目 (CIP) 数据

机器人操作中的力学原理 / (美) 马修 T. 梅森 (Matthew T. Mason) 著; 贾振中, 万伟伟译. —北京: 机械工业出版社, 2017.11 (2025.5 重印)

(机器人学译丛)

书名原文: Mechanics of Robotic Manipulation

ISBN 978-7-111-58461-2

I. 机… II. ① 马… ② 贾… ③ 万… III. 机器人 - 操作系统 - 力学 - 研究 IV. ① TP242 ② O3

中国版本图书馆 CIP 数据核字 (2017) 第 284048 号

北京市版权局著作权合同登记 图字: 01-2016-2385 号。

Matthew T. Mason: Mechanics of Robotic Manipulation (ISBN 978-0-262-13396-8).

Original English language edition copyright © 2001 by Massachusetts Institute of Technology.

Simplified Chinese Translation Copyright © 2018 by China Machine Press.

Simplified Chinese translation rights arranged with MIT Press through Bardon-Chinese Media Agency.

本书是学习机器人操作的基础教材, 旨在介绍机器人操作过程中的力学原理和规划算法。在力学原理部分, 本书将从一个全新视角来审视经典力学, 包括运动学、静力学和动力学, 并使用新的方法 (如多种图形化方法) 来解决在其他书籍中没有出现过的一些特殊问题。在规划算法部分, 本书将使用基于状态空间的方法, 同时考虑如何处理以下两个难题: 使用经典力学得到的高维连续状态空间并不适合用于搜索算法; 由于机器人的感知和运动控制等系统以及周围环境因素而带来的不确定性。

本书可作为有一定机器人运动学、动力学和控制基础的本科生与研究生教材。

出版发行: 机械工业出版社 (北京市西城区百万庄大街 22 号 邮政编码: 100037)

责任编辑: 张锡鹏			责任校对: 殷 虹		
印 刷: 涿州市般润文化传播有限公司			版 次: 2025 年 5 月第 1 版第 4 次印刷		
开 本: 185mm×260mm 1/16			印 张: 13.75		
书 号: ISBN 978-7-111-58461-2			定 价: 59.00 元		

客服电话: (010) 88361066 88379833 68326294

近年来，随着科学技术的进步，机器人技术的研究在全球范围发展得如火如荼。2007 年，比尔·盖茨曾在《科学美国人》上撰文指出机器人技术将会成为继信息技术之后的下一个热点。以美国为例：谷歌和优步的无人驾驶汽车、波士顿动力的足型机器人、NASA 的火星车和机器人航天员等，无时无刻不在吸引着全球媒体的目光。欧洲、日本和中国等也出台了各自的机器人研究计划和路线图。例如：在德国提出的"工业 4.0"和中国提出的"中国制造 2025"计划中，机器人均作为核心技术受到了前所未有的重视。"中国智造"需要我们有一流的机器人技术和研究人才！

机器人是融合了数学、物理、机械、电子和计算机等科学的一门综合性学科。机器人涉及的研究范围非常广泛：从太空中的航天机械臂到深海大洋里的无人潜艇，从汽车生产线上的喷涂装配到医院里的外科手术机器人等。机器人在为其专门构建的结构化工厂环境中非常有用，但现有的机器人对于在不确定的、非结构化的混乱环境中执行复杂的操作任务却无能为力。要解决诸如此类的问题，有赖于我们对机器人操作的研究。机器人操作是机器人研究的终极前沿！

本书是学习机器人操作的基础教材，旨在介绍机器人操作过程中的力学原理和规划算法。在力学原理部分，我们将从一个全新视角来审视经典力学，包括运动学、静力学和动力学，并使用新的方法（如多种图形化方法）来解决在其他书籍中没有出现过的一些特殊问题。在规划算法部分，我们将使用基于状态空间的方法，同时考虑如何处理以下两个难题：使用经典力学得到的高维连续状态空间并不适合用于搜索算法；由于机器人的感知和运动控制等系统以及周围环境因素而带来的不确定性。

机器人的核心在于运动——机器人使用受控的可编程运动，通过抓取和投掷等多种手段把物体从初始位置移动到指定目标。操作的真正问题在于如何移动物体，而不是如何移动机械臂。本书与以往大多数机器人书籍最大的不同之处在于：侧重于操作过程本身而非机械臂。这种对过程本身而非对设备的侧重是一种更为基本的方法策略，它使我们的结果可以应用于更广泛的设备而不仅限于机械臂。需要指出，构建具有类人操作能力的机器人将会十分复杂，特别是建造出能与人相媲美的机器人可能会比历史上人类建造的任何东西都更有挑战！本书并不就该问题提出解决方案或方案大纲（这些有赖于机器人操作领域的持续发展和进步），相反，本书试图勾勒出一条科学探索的具体线路，从而使我们有望解决机器人操作中的某些核心问题。

本书作者 Matthew T. Mason（马修 T. 梅森）教授是机器人领域的世界知名专家，他曾担任卡内基梅隆大学机器人研究所（全球最大的机器人研究机构）的负责人。他在机器人操作领域有 40 多年的研究经验，培养了大量人才。本书译者均有幸跟随梅森教授从事博士后研究工作，他的言传身教使我们获益匪浅，在这里我们对梅森教授表示最诚挚的感谢！本书内容为卡内基梅隆大学机器人培养方向的核心课程之一（Mechanics of Manipulation），适用于研究生和高年级本科生。梅森教授在个人网页上（http://www.cs.cmu.edu/~mason/）提供了与本书配套的电子教案。

万伟伟（日本大阪大学、日本产业技术综合研究所）完成了本书第 8 ～ 10 章的初译稿，贾振中（卡内基梅隆大学）完成了本书其余部分及全书的审校和整理工作。本书对于专业词汇的翻译，主要借鉴了戴建生的《旋量代数与李群、李代数》和《机构学与机器人学的几何基础与旋量代数》、徐卫良和钱瑞明翻译的《机器人操作的数学导论》以及熊永家等人翻译的《装配自动化与产品设计》，在这里表示感谢！我们根据原书的勘误表对中译本进行了修正，并根据梅森教授的电子教案等加入了译者注来帮助读者加深理解。由于译者水平所限，书中翻译难免存在缺点和错误，欢迎读者批评指正。

译者

2017 年 9 月 30 日

本书是为所有被操作的神秘魅力而吸引的读者所写。从其广义形式来看，"操作"是指我们周边世界里的各种物理变化：移动物体，使用焊接、胶合或紧固等方式来连接两个或多个物体，使用切割、研磨或弯曲等方式改变物体的形状以及其他各种过程。然而，与绝大部分涉及操作研究的书刊一样，本书仅解决上述各种操作中的第一种方式：移动物体。即使在这一限制条件下，我们仍有许多不同的过程需要考虑：抓取（grasping）、携带（carrying）、推动（pushing）、丢放（dropping）、投掷（throwing）、击打（striking）以及其他过程。

同样，我们仅解决机器人操作中的问题，而忽略人类或其他动物的操作（除了从中获取某些灵感以及偶尔的哲学思考之外）。但是"机器人"操作不应被限制得过于狭隘——或许"机器操作"是一个更好的表述。我们将涵盖任何形式的机器操作，从门挡（门塞）到自动化工厂。

本书借鉴了两个领域的内容：经典力学和经典规划。本书大部分内容致力于经典力学及其在操作过程中的应用。为了深入理解操作过程，我们需要从一个不同寻常的视角来审视经典力学，这将驱使我们解决一些在其他书籍中没有解决过的特殊问题。

本书的第二部分内容是经典规划。我们将使用基于状态空间的方法，即利用可能动作行为的显式模型使规划算法能够搜索各种序列，从而获得一个令人满意的解答。这方面有两个难点亟待解决。第一，经典力学的结果通常对应于连续状态空间，而非更适合于搜索算法的离散状态空间。第二，机器人通常无法获取完美的信息，并且机器人也许无法获知任务的实际状态。有时，规划算法需要能够处理机器人所预测的任务状态和实际状态之间的差异。这两个因素——高维的连续状态空间以及不确定性均增加了操作规划的复杂度。

本书与以往大多数书籍的不同之处在于侧重于操作（过程）本身而非机械臂。这种对过程本身而非对设备的侧重，是一种更为基本的方法策略，所以其结果可以适用于更为广泛的设备，而不仅仅是机器人手臂。操作的真正问题在于如何移动物体，而不是如何移动手臂。对于操作这个问题，人类的解决方案是尽可能使用周围可以利用的资源，比如使用适宜的平面以便对齐物体，敲击或晃动不方便抓取的物体，使用廉价的物体作为工具来进行捅或推等操作。当人类使用自己的双手进行操作时，最容易观察到这种能力，不过这种能力在人类编程控制机器人手臂时也体现得相当明显。旨在解释操作的任何可信尝试都必须能够处理各种不同的操作技法。

在机器人中，任何理论在达到某种成熟程度之后，都应该经得起检验。如果一个理论是完备的、建设性的，我们可以结合此理论建造一个机器人，而后通过相关实验来验证该理论的正确性以及有效范围。从原则上讲，结合经典力学和经典规划来建造机器人是个相对简单的任务。我们所建造的机器人系统中包含任务的计算模型，其中包括场景中对象的形状以及其他相关物理参数。采用经典力学，机器人还能够预测它想要执行的各种行为可能造成的对应结果。如果给机器人指定一些目标，它可以模拟各种动作序列，从中搜索出一个规划以实现指定目标。

这样的机器人是极端理性主义的——它严格遵循牛顿（亚里士多德或其他）力学，并且基于第一性原理来推导出能够满足其目标的动作模式。它是理论和实验之间近似完美的结合。为了解决理论问题，我们可以按照力学模型和搜索算法来设计机器人，从而得到一个可以接受理论验证的正式实体。我们可以根据机器人的表现证明与之相关的理论，我们也有规则的显式假说来评价其正确性。为了解决实验问题，我们可以将设计思路赋予实践，从而得到一个可通过实验检测的物理系统。当理论和实验相对应时，我们可以证明理论的有效性及其在实施中的高保真度。当理论和实验无法对应时，这提示我们需要对理论或实施方案进行合理的修正。

或许更重要的是此种方法在建立有效的建设性理论方面所具有的价值。有时候，"应该可行"的理论和"实际有效"的理论之间存在着巨大差异。如何减少这种差异是推进该领域前进以解决重要问题的一个重要动力。

我们应该试图建立什么样的理论呢？会不会有一个简洁的解决方案——能够使我们建造具有类人行为能力的机器人的一些简单想法？相关的工程实践表明此法并不可行，没人期望一个简洁的理论就可以解决如何建造汽车或火箭这样复杂的问题。只有依赖大量的科学和工程方面的成果，我们才能够建造十分复杂的人造物体。而可以与人类相提并论的机器人，它将比人们先前建造的任何东西都更为复杂。本书并不想提出解决方案，亦不想提出解决方案的大纲。相反，本书试图勾勒出一条科学探究的具体线路，从而使我们有希望解决机器人操作中的某些核心问题。

本书起初是作为"操作的力学原理"（Mechanics of Manipulation）这一研究生课程的课堂笔记使用的，该课程是卡内基梅隆大学机器人博士项目培养计划的一部分。选修本课程的学生来自不同的背景，但他们大部分都有工程、科学或数学方向的本科学位。偶尔会有高年级的本科生选修本课程，大多数学生表现还不错。在选修本课之前，大多数但并非全部学生已经修过一门有关机器人运动学、动力学和控制的课程。学期项目是本课程的一个重要组成部分，每个学生（有时组成小队）都将选择和探索一个操作问题，可选题目包括用卡片建造房屋、挥鞭子、扔飞盘、建造具有最大悬垂的多米诺塔牌、弹响指、扔陀螺、玩悠悠球（yoyo）、求解球在杯中（ball-in-cup）游戏、不同形式的杂要等。一个典型的学期项目可能会分析这些问题的简化版本，制作一个简单的规划系统，或者侧重于操作过程中某些定义明确的方面。在《科学美国人》（Scientific American）

和《美国物理杂志》（American Journal of Physics）上或许能找到与上述问题相关的论文。某些学期项目解决更像样的操作问题，这些问题可以在《机器人研究国际期刊》（International Journal of Robotics Research）、《机器人及自动化国际会议》（Proceedings of the IEEE International Conference on Robotics and Automation）或者其他文献中找到参考。

为了照顾那些使用本书进行教学或者解决问题的学者，我在个人网页（http://www.cs.cmu.edu/~mason）上给出了本书中的插图，或许还有用于教学的附加资料或者习题解答。

我十分感谢我的导师和同事：Berthold Horn、Tomas Lozano-Pérez、Marc Raibert、Mike Erdmann、Randy Brost、Yu Wang、Ken Goldberg、Alan Christiansen、Kevin Lynch、Srinivas Akella、Wes Huang、Garth Zeglin、Devin Balkcom、Siddh Srinivasa、John Hollerbach、Russ Taylor、Ken Salisbury、Dan Koditschek、Bruce Donald、Illah Nourbakhsh、Ben Brown、Tom Mitchell、Dinesh Pai、Al Rizzi、Takeo Kanade 以及 Allen Newell（人工智能先驱，图灵奖获得者）。

一些研究同仁阅读了本书草稿、使用本书教学或是通过其他方式表达了协助和鼓励，包括 Anil Rao、Howard Moraff、Carl Harris、Charlie Smith、Ian Walker、Mike McCarthy、Zexiang Li、Richard Voyles、Yan-Bin Jia、Terry Fong、Kristie Seymore、Elisha Sacks 以及选修 16-741 课程《操作的力学原理》的学生们。Jean Harpley 和 Mark Moll 帮助我准备了最终的手稿，Sean McBride 绘制了本书第 1 章的插图。

感谢 Mary、Timm 和 Kate 的鼓励和付出。

感谢自然科学基金的资助（IRI-9114208、IRI-9318496、IIS-9900322 和 IIS-0082339）。

感谢我所借鉴和参考的每一位研究者。某些时候，他们的贡献远比文献和索引中所罗列的要大得多。

操　作

操作是指动手重新布置周围环境的过程。操作牵扯到很多方面。操作是一门艺术，因为我们每个人都可以实践，即使是在对操作过程没有任何系统性了解或缺乏基本了解的前提下。操作也是一门工程学科，这是因为存在一些系统性的工具使我们可以用机器人操作来解决各种问题。最后，操作也是一门科学，因为这个过程能够培养我们的好奇心，从而利用科学手段来进行探索。

操作可以通过多种不同的方式来完成。在本章的起始部分，我们将考虑两个操作系统的实例。据此，我们建立本书的研究主题——由一系列亟待探讨和解释的现象所组成的集合。本章的剩余部分，根据其底层力学机制的不同，我们对多样化的操作技术进行分类。在本章结尾处，我们会给出本书的提纲概要。

1.1　实例 1：人工操作

我们所举的第一个例子，其形式虽然类似于思维实验，但它源于我们日常生活中所熟悉的场景，如果感兴趣的话，读者可以亲自尝试图 1-1 中所示的过程。我们考虑扑克牌游戏中发牌者的一系列操作过程：把扑克牌集中起来，整理成整齐的一摞，然后洗牌和发牌，收手并进行整理。尽管任何试图对上述过程的精确分析最终都会变得十分困难，不过浅显的分析有时也会发人深省。发牌者首先将扑克牌围成一堆，然后通过挤压，同时将扑克牌堆在桌面上磕碰，直至形成整齐的一摞。最常见的洗牌方式是将这摞扑克牌分为两半，再把它们掰弯，然后将这两半摞扑克牌按顺序释放使得它们能够相互交错，最后通过挤压叩击，直至重新形成整齐的一摞扑克牌。

现在，发牌者的左手被塑造成一种机构，该机构依次递出已被隔离好的扑克牌，供右手抓取和抛掷。发牌者在抛掷扑克牌时，可以施加一定的旋转以稳定扑克牌的姿态。

现在，所有的玩家抓取并整理他们手中的扑克牌。他们通过抓取扑克牌并将其重新插入其他牌中，来排列和布置手中的扑克牌。再次挤压扑克牌使其变得整齐，然后使用有控制的滑移手法小心地将扑克牌展开。

上述过程中有几个特点耐人寻味。对于单张扑克牌的处理被保持在最低限度，除了在发牌时，有些扑克牌根本没有被当作个体而独立处理过。其次，没有任何一张扑克牌是以单独固定在胳膊和手上的方式，从一个静止位置移动到另一个位置。相反，在该过程中，发牌者使用了难以通过简单语言来描述的技巧，包括打扫（sweeping）、叩击（tapping）、挤压（squeezing）、抛掷（throwing）、有控制的滑移（controlled slip）以及其他一些技术。

图 1-1　熟练人工操作的一个例子：收集、校直、洗牌和发放扑克牌

上述过程需要玩家拥有相当程度的技能。小孩子要生疏很多，而且学习该技术需要花费时间进行大量练习。

上述技术对扑克牌和桌子的特性较为敏感。新牌因为太滑太硬而难以处理，脏的扑克牌却又太粘，此外，扑克牌的尺寸和硬度要高度一致。对于采用普通手写纸进行人工切割而制成的扑克牌，在发牌时需要使用十分不同的手法来进行处理。

从某些方面来讲，发牌操作中具有很强的传感器驱动，比如当转动一叠扑克牌中还没对齐的牌或是聚拢散落在桌面上的扑克牌时。不过，有时候传感器发挥的作用则很小。例如，在最后整理这摞牌时，发牌者不需要使用视觉来辨认还没被对齐的扑克牌。相反，通过挤压和对着桌面叩击即可完成对扑克牌的整理，此时，玩家并不需要（使用视觉来）辨别它们。

上述过程中有两件事情尤其值得关注：一个是操作中所体现的效率和技能，另一个则是适应性。虽然装置中的变化可能会极大地影响效率，但人类能够适应这些变换，退而使用更加保守的技术。

1.2　实例 2：一种自动装配系统

我们举的第二个例子是如图 1-2 中所示的自动装配线，其中集成了工业机器臂以及各种用来运输、定向以及给机器人供给零件的设备。虽然我们以索尼的 SMART 系统作为例子，但是该系统中的基本元素与其他很多工业系统是相通的。

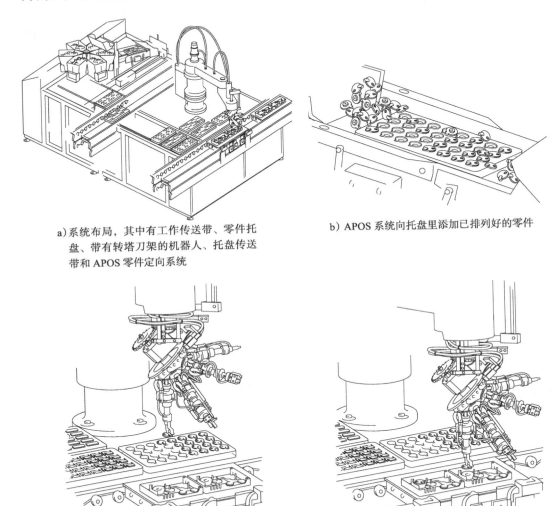

a) 系统布局，其中有工作传送带、零件托盘、带有转塔刀架的机器人、托盘传送带和 APOS 零件定向系统

b) APOS 系统向托盘里添加已排列好的零件

c) 拾取零件

d) 将零件装配到产品中

图 1-2　索尼的 SMART 系统

索尼的 SMART 系统需要解决的问题是：组装小型的消费电子机械产品，如磁带录音机或照相机。装配在一个工作夹具上进行。该夹具用于夹持设备，并将其从一个工作站准确地运送到下一个工作站。在每个工作站，机器人会进行一系列相应的操作。为了

尽量减少工作站的数量，每个机器人装备有多达 6 个不同的末端执行器，所有这些执行器都被安装在一个转塔刀架（也称转塔头，turret head）上。因此，通过需求来选择合适的末端执行器，每个机器人便可以执行 6 个或更多不同步骤的操作。

各个部件通过托盘上料供给机器人。每个托盘都有窝（nest）阵列，其中的每个窝可以容纳单个部件，并且这些部件处于适合机械手抓取的方向上。这些托盘依次被输送到另一个传送带系统，该传送带系统可以根据需要从库存中取出一个托盘，并将该托盘输送到有需求的机器人处。

这些托盘上的部件填装则由一个 APOS 机器来完成。该机器将托盘托起一个微小的倾斜角度，并将部件铲送到托盘上。然后，机器振动托盘从而使部件沿托盘平面滑下，其中有些零件落入托盘窝中，其余部件则落入一个溢流桶（overflow bin）中。通过合理设计托盘窝形状以及振动方式，可以使部件只能静止地停留在期望方向上。在一段预定时间之后，托盘会填满已定向的部件。然后 APOS 机器将托盘卸下并将其传送到机器人处或者储存库中。

通过优化最终产品的设计可以简化组装程序，这被称为面向装配的设计（design for assembly）。具体来讲，产品被设计成如下形式：每次只组装一个部件，并且几乎所有的装配动作都在垂直方向上进行。其次，部件被设计得易为处理。例如，可以用具有复杂形状的单个塑料零件来同时替换几个形状较为简单的零件，还可用部件的柔性单元来替代弹簧。最后，可以通过合理的部件设计来降低进料和定向时的难度，同时也可降低装配时的难度，使得相匹配的特征实际上可引导装配到位。

类似地，末端执行器和托盘窝用来加快装配过程。实际上，经过一些反思我们可知：这一过程中充满了组装操作。各部件的定向可以通过其与托盘窝的装配来完成。每个部件的抓取可以通过将该部件装配在机械手爪上而完成。而将部件与组装中的工件装配在一起，实际上是该过程中的第三个装配步骤。

在该系统中，形状之间的相互作用占据主导地位。其中的关键步骤是：1）通过部件与 APOS 系统中托盘窝的相互作用来实现部件定位；2）通过将特殊用途的执行器与部件上的特征元素进行配对来实现部件抓取；3）部件安装，其中可能会涉及部件与组装中的工件之间的相互作用。在上述过程中，传感器的作用虽小但很重要，它使得机器人可以检测到无效抓取（grasp failure），并通过继续抓取托盘中的下一个部件来继续该装配过程。上述过程中，机械臂工作在最简单的状态，它被当作用来完成拾取及放置（pick and place）操作的一个装置。

1.3　操作中亟待解决的问题

人工扑克牌游戏和自动化工厂这两个例子之间存在着显著差异。人类具有成千上万个传感器和执行器，还有将它们协调起来用于处理当前任务的智能。单个机器人只有很少的传感器和执行器，并且缺乏在没有人工帮助的前提下将这些传感器和执行器用于处理新任务所需的智能。即使我们将工厂（拥有成百上千的传感器和执行器）作为一个整体来考虑，人们仍然是相对于单个任务或密切相关的一组任务，来对这些传感器和执行器进行配置和编程。

但是，我们可以透过这些差异，而专注于这两个系统所做出的决策。其中有些决策是在线的：快速做出决策并立即执行，或许仅利用刚获得的信息。有些决策则是离线的：从实践中学到的技术可以不经重新发明而直接使用。还有一些决策也可认为是离线的：设计时所做出的决策，例如使用多少个手指、如何配置传感器等。

当我们将注意力专注于决策时，会看到前一小节中两个系统之间的主要区别：人类在做出在线决策方面具有极为强大的能力。相比之下，机器人系统则很少做出在线决策。其动作中的唯一变化要么是由于检测到错误条件而引发的，要么是根据特定托盘的到达而做出的。其他的所有决策，则是系统设计人员在设计和编程期间通过离线方式做出的。对于人类，很难判断一项决策是通过在线方式还是离线方式而做出的。可以确定的是：相比于工厂系统，人类会做出更多的在线决策。但是人类系统仍涉及很多离线决策，这一点毋庸置疑。至少，良好技能的养成需要长期实践，其中包括长时间的决策训练。当然，人类系统中更基本的方面则是随物种演化而来的。

尽管人类与机器人在决策的时间（time）方面有很大区别，但在决策的其他方面则非常相似：如何配置传感器、执行器和机械结构；如何将传感信息和执行器的神经支配（actuator innervation）组织和协调起来；使用什么样的形状、运动和力来产生所需结果。我们要研究的操作理论应该提供一种能够为解决操作问题而做出这些决策的方法，不论决策是离线还是在线的。

那么，什么才是必须要解决的操作问题呢？操作系统的一些特性是由该问题的固有特性所决定的，并且这些特性是所有能够解决该问题的方案所共有的。这一观察结果可用于指导我们的研究，帮助我们脱离任何特定技术细节的羁绊，而将重点放在与操作相关的基础现象和方法上。前一小节中的两个实例提出了一些相当基本的问题，我们可将它们作为一般操作的代表。例如：

- 证明一个物体或一组物体处于稳定位形。例如，当机器人在放入下一个零件时，组装的各个阶段必须是稳定的。
- 证明一个物体并非处于稳态位形。我们可以通过寻找一组手指运动，它能够使得所有不满足放置要求的扑克牌都是不稳定的，从而设计出一种对齐扑克牌的策略。类似地，APOS 系统托盘窝的设计应该具有同样的性质，即所有不满足放置要求的部件都是不稳定的。

- 给定一个固定物体、一个移动物体以及所施加的力，证明该移动物体可以局部收敛到相对于该固定物体的某个特定位置。例如，这种方法可用于分析手爪以可预测的方式抓取特定物体的能力。
- 给定一个固定物体和一个移动物体，设计一种振动方式，使得移动物体能够全局收敛到相对于该固定物体的某个特定位置。
- 构建一种投掷动作来准确地递送一个物体，并尽量减少碰撞后物体的能量。这可能是生成投掷扑克牌动作同时满足牌面朝上这一额外约束的一种好方法。

此类问题处于力学（mechanics）和规划（planning）之间，并且可以表述为分析型（analysis）问题或综合型（synthesis）问题⊖。当把这类问题作为分析形式表述时，我们得到一个力学问题。不幸的是，对于许多诸如此类的问题，我们还没有一个通用的解决方案，特别是当用于解答的信息受到限制的时候。当把这类问题作为综合形式表述时，我们得到一个规划问题。这样做使我们可以做出一些选择来限制问题的范围，从而有可能得出解决方案。

我们将"机器人如何将目标转化为行动"这一问题作为压倒一切的问题。为了稍微缩小范围，我们假定机器人要完成一些既定目标，这通常需要重新布置其周围的物体。我们不必担心更高层次的问题，例如机器人如何将更高层次的目标（如利润）转为低层次的目标（如抓取扳手）。

1.4 操作技术的分类

我们将专注于一种被称为分析型操作（analytical manipulation）的方法。为了决定要做什么，机器人需要使用任务力学（task mechanics）的分析模型。在尝试某动作之前，机器人可以使用该模型来预测行动的后果。我们没有根据物理结构或者计算架构来对机器人进行分类，而是根据它们的任务力学模型来对机器人进行分类。因此，我们可以得到下述分类：牛顿型（Newtonian）机器人，它使用牛顿定律来推导得出其运动；亚里士多德型（Aristotelian）机器人，该型机器人认为物体只有在受到某些物体的推动时才能够运动。我们还可以得出一个经验型（empirical）机器人，这种机器人使用基于观察而建立的模型，而非基于公理系统的模型。

我们在这里将要探讨的所有机器人都是牛顿型机器人的变种，虽然其中的一些也可看作是亚里士多德型机器人。所有这些机器人都是依据经典力学中我们熟悉的技术而做出决策。经典力学通常按照下述顺序而讲述：起初是运动学，然后是静力学，最后是动

⊖ 分析和综合是哲学家康德引入的逻辑思维的两种方式，指在认识中把整体分解为部分和把部分重新结合为整体的过程和方法。分析是把事物分解为各个部分、侧面、属性，分别加以研究。综合是把事物各个部分、侧面、属性按内在联系有机地统一为整体，以掌握事物的本质和规律。——译者注

力学。我们可以使用同样的顺序来建立一个关于操作技术的分层结构（hierarchy）：

- 运动学操作（kinematic manipulation）。可以单独由运动学而推出的一个动作或动作序列。例如，如果任务规范是末端执行器的特定运动，那么机械臂结构的运动可以通过运动学而得到确定。
- 静态操作（static manipulation）。可以根据静力学和运动学而推出的一个动作或动作序列。例如，为了将一个物体放置在桌子上，有必要确定该物体一个稳定的静止姿态（静力学），同时有必要确定将该物体移动到目标位置所需的运动（运动学）。   7
- 准静态操作（quasistatic manipulation）。在该操作任务中，与惯性力相比，摩擦力和冲击力通常占据主导地位。忽略惯性力而进行的分析，通常被称为准静力学分析（quasistatic analysis，也称准静态分析）。例如，通过挤压而整理一副扑克牌时，作用在扑克牌上的惯性力可以忽略。
- 动态操作（dynamic manipulation）。最后，当惯性力成为操作过程中的一个重要组成部分时，我们便有了动态操作。例如，投掷扑克牌使其合理着地且不翻转，这取决于纸牌的惯性性质。

在使用这种分类方法时需要留心。这种分类方法指的是动作是如何导出的，而不是指动作本身。而且在大多数情况下，我们并不知道动作是如何导出的，这是因为推导过程是在人脑中进行的。这种分类方法实际上比较主观，它取决于观察者自己采用的操作模型。

我们主要用这种分类方法来组织本书。我们可以按照从运动学到动力学这一传统进展思路，抱着理解操作过程这一目的来探索其中的力学原理。本书的起始部分为运动学（第 2 章和第 3 章），紧接着是运动学操作。然后是静力学章节、摩擦力章节和紧随其后的准静态操作章节。最后是动力学章节、刚体碰撞章节和动态操作章节。

1.5　文献注释

要想对操作以及人手的作用有深入理解，阅读文献（Bronowski，1976）是必不可少的。此外，我们强烈推荐（Napier，1993）和（Wilson，1998）这两篇文献。

尽管人类的操作技能看起来是最强的，但是许多动物也都拥有给人留下深刻印象的操作技能。（Savage-Rumbaugh 和 Lewin，1994）给出了猿和人类之间的一些有趣对比。（Collias 和 Collias，1984）给出了关于鸟类筑巢的一个非常有意义的描述。

文献（Fujimori，1990）描述了索尼的 SMART 系统。操作的分类由 Kevin Lynch 和 Matt Mason（本书作者）于 1993 年首先提出。对于自动装配的更广泛的处理可参见文献（Boothroyd，1992）。

习题

1.1：操作技术的分类是指机器人的任务力学（task mechanics）模型。机器人必须要有任务力学模型吗？蚂蚁有任务力学模型吗？构建对这一问题的正反两方论点。

1.2：假设给你一个机器人，你想知道它是否使用"分析型操作"。允许你对该机器人进行任何实验，包括将它拆开等。你如何判断该机器人是否属于分析型？

1.3：你使用"分析型操作"或"经验型操作"吗？两者兼而有之或两者都不使用？也许有时候使用其中一个，有时候使用另一个？对于进化过程，考虑经验如何在大脑中编码和访问，以及如何使用过去的经验来处理眼下的问题。

1.4：分析诸如打牌之类的操作任务。确认操作中的不同阶段，并且对于其中的每个阶段描述其机械过程、控制及决策过程、执行动作所需的信息以及信息源。

运 动 学

运动学是指对运动的研究，其中并不考虑引起运动的原因。我们有很多理由以运动学作为开始。首先，操作通常旨在将物体移来移去，因此运动学原理几乎与任何操作过程都是相关的。其次，许多操作过程在本质上完全是运动学式的，这些过程在第 1 章中被称作运动学操作，我们将在第 4 章对其进行研究。最后，运动学也是经典力学处理中传统的第一步，它在这里也起同样的作用。

本章中对于运动学的处理，与常用的处理方法有所不同，这是因为我们的目标是理解操作过程。本章将介绍刚体运动的基本原理，同时通过将这些原理用于操作来对其进行说明和诱导。对于本章中的很多概念，例如移动和转动，你可能已经很熟悉了。我们的目标是使用更精确的基础知识，来增强你的工作认识。但我们并不追求完备严谨，因为这可能会不必要地模糊和混淆对于重要概念的理解这一目标。

2.1　基础知识

在将精力专注于刚体之前，我们离题来简要考虑更广义的系统。我们将系统（system）考虑为处于某背景（ambient）空间中的一个点集。该背景空间对于平面运动学来讲是二维欧氏平面 $\mathbf{E}^2$，对于空间运动学来讲是三维欧氏空间 $\mathbf{E}^3$，对于球面运动学来讲是一个球体的表面 $\mathbf{S}^2$。在一般情况下，每个点可以做独立运动。那么，一般情况下，令 $\mathbf{X}$ 表示背景空间——$\mathbf{E}^2$、$\mathbf{E}^3$ 或 $\mathbf{S}^2$。

定义 2.1：一个**系统**（system）是空间 $\mathbf{X}$ 中的一个点集。

定义 2.2：一个系统的**位形**（configuration）是指系统中各点的位置。

定义 2.3：**位形空间**（configuration space）是由给定系统的全部位形组成的一个度量空间。

对于全部位形组成的空间来讲，我们如何知道其中是否存在一个度量？我们可以通过如下方式在任何系统的位形空间上定义一个度量：在系统中选择一些点 $\{x_i\}$，然后将两个位形之间的距离 $d(D_1,D_2)$ 定义为两点之间的最大距离，即 $d(D_1,D_2)=\max\{d(D_1(x_i),D_2(x_i))\}$。但是请注意，该度量涉及关于 x_i 的任意选择。事实上，对于我们接下来将要考虑的很多位形空间，特别是刚体的位形空间，每一个度量都会涉及任意选择。

定义 2.4：一个系统的**自由度**（degrees of freedom）是指其位形空间的维度。（一个不太精确但大致相当的定义是：用于确定一个位形所需的最少实数数目）。

现在我们将目光转移到刚体以及刚体运动的概念上。

定义 2.5：**位移**（displacement）是指位形的变化，该变化并不会改变系统中任意两点之间的距离，也不会改变系统的手性。

（我们使用"手性"（handedness）这一术语，而非"方向"（orientation）这一常用术语。）

定义 2.6：**刚体**（rigid body）是指仅会产生位移的一个系统。

均匀地改变物体大小的变换称为缩放变换（scale transformation），或称为扩张（dilation）。改变物体手性的变换被称为反射（reflection）。

系统	位形	自由度数目
平面内的点	x, y	2
空间中的点	x, y, z	3
平面内的刚体	x, y, θ	3
空间中的刚体	$x, y, z, \phi, \theta, \psi$	6

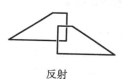

位移   扩张   反射

图 2-1   刚体变换和其他变换

为方便起见，考虑作用于空间中所有点上的一个位移，而不仅仅是作用于某些刚体上的点的位移。例如，考虑平面中可做刚性运动的一个三角形（如图 2-2）。我们可以想象该三角形被绘制在一个运动平面（moving plane）上，我们将参考基准平面当作固定平面（fixed plane）。三角形的任何运动决定了整个运动平面的运动。因此，我们可以谈论任意一点的运动，而对于该点实际上是否属于物体的一部分并无所谓。此外，我们可以研究平面的位移，并将其作为研究平面中任何刚体的位移的一种方法。

定义 2.7：**转动**（也称旋转，rotation）是指具有至少一个固定点的位移。

对以下两个相似概念加以区分特别重要：关于某些给定点（诸如原点或质心）的旋转，以及关于某个未确定点的旋转。对于一般的旋转，固定点可以处于空间中的任何地方。

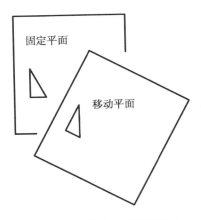

图 2-2　运动平面和固定平面

定义 2.8：平移（translation）是所有点沿平行线移动相同距离的一个位移。

有时候，在对位移的讨论中使用代数概念和表示方法会很方便。每个位移都可被描述为在基础空间中的一个操作符，它将每个点 x 映射到某个新的点 $D(x)=x'$。两个位移的积对应操作符的组合叠加，即 $(D_2 \circ D_1)(\cdot) = D_2(D_1(\cdot))$。一个位移的逆即是将每个点映射回其原始位置的一个操作符。其中的恒等元素（identity）便是空位移，它将每个点映射到自身。这些结果可以概括如下：

13

定理 2.1： 带有函数组合（functional composition）的位移，构成一个群$^\ominus$（group）。

这些群有自己的名字。对于欧氏空间，我们有特殊欧式群（special Euclidean groups）**SE**(2) 和 **SE**(3)；对于球，我们有特殊正交群（special orthogonal group）**SO**(3)。"特殊"是指这些群能保持左右手性不变，"正交"是指这些群与正交矩阵之间的联系，这将在第 3 章中讲解。

关于 O 点旋转　　　　　关于物体上的　　　　　关于不在物体上
　　　　　　　　　　　　　一点旋转　　　　　　　的一点旋转

图 2-3　不同的旋转中心

下一个问题是"位移是否服从交换律？"也就是说，对于任意两个位移 D_1 和 D_2 来

$\ominus$　群是指一个集合以及定义该集合上的一个二元运算，该运算需要满足封闭性、结合律、单位元和逆元这些群公理条件。如果我们可以证明某数学构造是一个群，我们便可对其进行代数运算。群并不需要满足交换律，满足交换律的群被称为阿贝尔群。——译者注

讲，$D_2(D_1(\cdot)) = D_1(D_2(\cdot))$ 这一关系是否成立？答案是否定的。图 2-4 给出了一个反例——两个空间旋转以不同顺序叠加组合时会得到不同的结果。

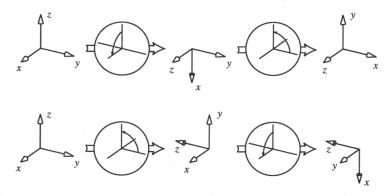

图 2-4   空间旋转一般情况下并不服从交换律

有多种不同的方法用来描述位移，但最常用的方法是将位移分解成旋转加平移。

⊖定理 2.2：对于欧氏空间 $\mathbf{E}^2$ 或 $\mathbf{E}^3$ 中的任何位移 D 以及任意一点 O，该位移 D 均可表述为一个平移和一个关于点 O 的旋转的叠加。

证明：令为 O' 点 O 经过位移映射 D 后所对应的象。令 T 表示从点 O 到点 O' 的平移，令 T^{-1} 表示它的逆。那么，位移组合 $T^{-1} \circ D$ 将使点 O 保持不动，因此它是一个旋转，记为 R。那么，$T \circ R = T \circ T^{-1} \circ D = D$ 即为期望的分解。另外一种方案是我们可以定义一个旋转 $S = D \circ T^{-1}$。因此，有两种方法可将 D 分解为旋转加平移：$T \circ R$ 或者 $S \circ T$。■

从很多方面来讲，将位移分解为旋转加平移这种操作是描述位移的一个好方法，但要注意它并不是一个规范（canonical）描述——这种分解取决于参考点 O。

推论 2.1：给定任意一点 O，任何微分运动或速度都可被分解为一个平移部分以及一个关于点 O 的旋转部分。

2.2   平面运动学

为了进一步探索基本的运动学，我们必须将潜在的背景空间分开来考虑。本节重点

⊖ 定理 2.2 是最常见位移表示方式的基础；该分解并不唯一，它取决于点 O 的选取。另外，该定理备注中的另一种方案有错误：改变分解的顺序会得到相同的平移外加不同的旋转，即 $D = T \circ R = S \circ T$，这里 R 和 S 指代不同的旋转。正确的表述应该是：改变分解的顺序会得到相同的旋转外加不同的平移，即 $D = T \circ R = R \circ U$，这里 T 和 U 通常指代不同的平移，这是因为平面位移并不满足交换律。详细解释实例请参照作者给出的勘误表和电子教案。——译者注

介绍平面运动学。主要议题是如何将旋转和平移这些特殊情况与一般位移联系起来。定理 2.2 表明，任何位移都可被描述为平移和旋转的叠加。但是对于平面运动，我们可以走得更远——任何一个位移都可被描述为单个平移或单个旋转。事实上，如果我们在数学方面使用小的便利，平移可看作是关于无穷远处的点的旋转，那么每一个平面位移都可被看作是一个旋转。首先，我们必须制定出一些关于平面中位移、旋转和平移的基本属性[⊖]。

14
~
15

定理 2.3：一个平面位移可以由任意两点的运动来完全确定。

证明：如果平面中每个点的运动都是确定的，一个平面位移可以被完全确定。给定两个点的运动，将其中的一个点选作原点，另一点处于 x 轴的正方向，选择 y 轴来组成一个右手坐标系。那么，这两点的运动决定了该坐标系的运动。给定平面上任何其他点 P 的坐标，我们可以使用坐标系来构建它所对应的象 P'。

回想一下，任意一个位移可被分解为旋转和平移的组合乘积（定理 2.2）。不幸的是，该分解依赖于参考点的选择，所以它不是一个规范描述。我们将要介绍的下一个结果给出了一种描述平面运动学的方法，通常具有更好的效果。

定理 2.4：任何一个平面位移要么是平移，要么是旋转。

证明：令 D 表示一个任意平面位移，令 A 表示平面中的任意一点，令 A' 表示 A 经过操作 D 之后所对应的象。如果 $A=A'$，那么根据定义，D 是一个旋转。因此我们从今以后假设 A' 与 A 不同。令 B 表示线段 $\overline{AA'}$ 的中点，令 B' 表示 B 的象。

如果 B' 与 A、A' 以及 B 共线，那么 B' 只有两种选择能够使其到 A 的距离保持不变。其中一个选项是 B 固定，这将给出一个旋转结果。另一个选项给出了一个与向量 $\overrightarrow{AA'}$ 对应的平移。

剩下的唯一一种情况是 B 被映射到一个不同的 B' 点，如图 2-5 所示，B' 并不处于穿过 A、B 和 A' 的直线上。在点 B 处构造一个垂直于 AB 的垂线，在 B' 处构造一个垂直于 $A'B'$ 的垂线。这两条垂线并不平行，这是因为 AB 和 $A'B'$ 不平行。令 M 表示两条垂线的交点。我们将证明 M 是固定的。考虑如下位移，它将 A 映射到 A'，同时将 M 映射到自身。这个位移将会把 B 映射到哪里呢？由于它必须要保持与 A 和 M 之间的距离不变，我们可以通过相交的圆确定两个候选项。其中一个候选项是 B 自身，由于它对应恒等元素所以将其排除。另一个候选项是 B'。这便证明了我们"关于 M 的旋转便是原始位移 D"这一假设。

⊖ 我们为什么关注平面运动学？平面运动在三维欧氏空间 $\mathbf{E}^3$ 中非常常见，很多手爪和连杆机构使用平面运动，在平整地面中的多数移动机器人也使用平面运动。所有的空间运动可以分解为包含平面运动的多个元素，空间旋转与平面运动紧密相关。——译者注

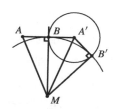

图 2-5　构造定理 2.4 的证明

平面旋转中的固定点可以很容易从 A 和 B 这两个点的运动中构造出来。我们构造 $\overline{AA'}$ 和 $\overline{BB'}$ 的垂直平分线，并令它们相交。图 2-6a 展示出了一般情形，即两条垂直平分线之间只有单个交点。我们还必须考虑其他两种可能性。如果两条垂直平分线重合，在使用任意不与 A 和 B 共线的点替代 A 或 B 之后，我们必须重复构造过程。最后一种情况是平移，此时两条垂直平分线平行，我们可以把这种情况当作绕无穷远点的旋转来处理（附录 A 中给出了关于无穷远点的简单介绍）。因此，我们重述定理 2.4 如下：

每个平面位移都是关于投影平面中一点的旋转。

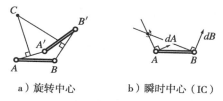

a）旋转中心　　　　b）瞬时中心（IC）

图 2-6　构建旋转中心和瞬时中心的一般情况

推论 2.2：将其推广到微分运动（即速度），每个平面速度都是关于投影平面内一个中心点的角速度。为了构建该中心点，我们画出 dA 和 dB 的垂线，并令它们相交。

这些结果引出了一些术语，对这些术语的使用并没有严格的约定。旋转中心（rotation center）和旋转极点（rotation pole）通常是对有限旋转而言；瞬心（Instantaneous Center，IC）、速度中心（velocity center）和速度极点（velocity pole）则是对速度而言相关的。

瞬心极迹

在此之前，我们都将注意力集中在单个位移上。现在我们考虑连续的运动，即对于一个物体，其位形按照一个关于时间的连续函数而变化。当将一个运动相对于时间参数化，我们使用轨迹（trajectory）这一术语，它可用位形空间中的一条曲线 $q(t)$ 来描述。在本节中，我们将忽略时间因素，而考虑运动的路径（path），它可通过位形空间中的一条曲线 $q(s)$ 来描述，这一参数化可被视为是任意的。

主要结果是：任何平面运动的路径都可通过平面内的两条曲线来描述，这些曲线被称为瞬心极迹（centrode）。其中的一条曲线，被称为运动瞬心极迹，它沿着另一条被称为固定瞬心极迹的曲线做无滑动的纯滚动。瞬心极迹提供了一种对平面运动的规范描述，它还有容易理解的优点。

固定瞬心极迹是指旋转极点在固定平面内的轨迹图（locus）。运动瞬心极迹则是指旋转极点在运动平面内的轨迹图。有一点很明确：随着运动瞬心极迹在固定瞬心极迹上做无滑动的纯滚动，两条曲线的接触点即为瞬心。

使用手绘方法构建瞬心极迹，其主要难点在于在运动平面内绘制一系列中心点。最简单的方法是先建立固定瞬心极迹，然后使用透明塑料片作为运动平面，在此运动平面内绘制中心点，这样我们便可再现问题中的运动。

我们将采用图 2-7 中的平面四杆机构来说明这种方法。每个四杆机构包括：一个固定连杆；另外两个连杆，其运动是围绕固定点的旋转或沿固定轴线的平移；以及第四个连杆——耦合连杆（coupler link），其运动相当复杂。在给定的任何瞬间时刻，根据 A 和 B 这两点的运动所受到的约束，我们可以描述作用在耦合连杆上的约束。耦合连杆的转动中心（瞬心）必须处于 dA 的垂线上，同时该转动中心还必须处于 dB 的垂线上。这样可以完全确定耦合连杆的瞬心，除非该连杆机构的运动此时正在通过某些退化（degenerate）位形。

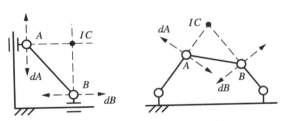

图 2-7　构建两个四杆机构的瞬心

18

该方法可总结如下：

1）将约束还原为点 – 速度约束。

2）在各点处构建垂直于允许速度的垂线。

3）如果所有垂线有一个共同的交点，那么该点即为瞬心。如果所有垂线平行，我们假设交点（瞬心）处于无限远处。如果存在三个或更多的垂线，那么可能并不存在交点，这意味着所有运动都不可行。

通过对一个机构的几种位形重复进行上述分析，我们便可构建固定瞬心极迹和运动瞬心极迹。图 2-8 中展示出了关于瞬心极迹的例子，这些瞬心极迹对应于图 2-7 中四杆机构的耦合连杆的运动。这是一个特别有意思的机构：两个瞬心极迹是圆形的，处于耦合连杆中心线上的点扫描出了椭圆形轨迹，耦合连杆的运动扫描出了一个星形线（astroid）。

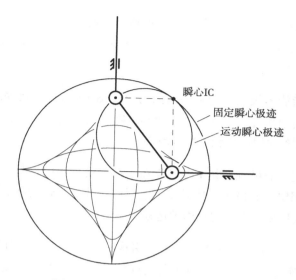

图 2-8　构建固定瞬心极迹和运动瞬心极迹

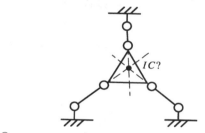

⊖图 2-9　一个假的瞬心：任何刚体运动都不可行

　　不过需要指出，这种方法的确有其局限性。该方法会识别出所有可行的瞬心，但它也可能识别出一个并不可行的中心——产生一个假阳性结果（false positive）。图 2-9 展示出了一个固定的五杆机构，在我们的一阶分析中它似乎存在一个旋转中心⊖。

2.3　球面运动学

　　球面运动学是指在一个球面上所有可能的运动。我们为什么要关心此类运动呢？让我们回想一下旋转的定义：其中具有一个固定点的位移。对于三维空间，这等同于一个球面上的所有可能运动，其中球心为固定点。传统上，这被称为球面运动学，但是我们更倾向于使用另一种名称，即空间旋转运动学（spatial rotation kinematics）。

　　球面运动学与平面运动学之间有着令人惊异的密切关系。如果我们将平面看作球

⊖　图中的五杆机构中的耦合连杆是一个三角形，它通过另外三个连杆与固定连杆相连。在该机构内，任何形式的刚体运动都不可行。因而，上述分析方法给出了一个假阳性结果。——译者注

⊜　更多关于平面运动机构以及瞬心极迹的动画实例，参见作者电子教案第 3 讲。——译者注

面，其半径可达到无穷大，那么平面运动学类似与球面运动学。因此，本节中的结果类似于前一小节中的结果。

定理 2.5：给定球面上的两个点，如果它们不是对极点（antipodal），那么球面上的位移可以通过这两点的运动而完全确定。

证明：与平面情形类似，我们使用两个点来定义一个坐标系，从而使任意一点的运动可以通过使用其坐标而确定。■

定理 2.6（欧拉定理）：对于每个空间旋转，存在一条由固定点组成的直线。换言之，关于一点的任何旋转都是关于一条直线的旋转，该直线被称为旋转轴线（rotation axis）。

19 ~ 20

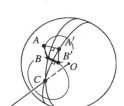

图 2-10　构建欧拉定理的证明

证明：我们将证明，对于任何一个球面位移而言，其在球面上永远存在一个固定点，由此便可证明上述定理。令 O 表示球面的球心，D 为球面上的一个给定位移。令 A 为球面上的一点，A' 为其在 D 映射下的象。如果 $A=A'$，那么我们便可得到想要的固定点，因此我们只考虑 A 不同于 A' 这种情形。令 $\perp AA'$ 表示球面上与 A 和 A' 等距的大圆，令 B 为 $\perp AA'$ 上的任意一点，B' 为其在 D 映射下的象。如果 $B=B'$，那么我们再次得到固定点，因此我们只考虑 B 和 B' 不同这种情形。定义 $\perp BB'$ 为球面上与 B 和 B' 等距的大圆。大圆 $\perp AA'$ 与大圆 $\perp BB'$ 不同，这是因为 $B \in \perp AA'$、并且 $B \notin \perp BB'$。因此，它们相交于两个对极点。令 C 表示其中任何一个对极点。

令 R 表示一个旋转，它将 A 映射到 A'，同时将 C 映射到自身。如果我们能够证明 R 能将 B 映射到 B'，那么 $D=R$，证明结束。

为了确定 $R(B)$，我们求解满足"刚体上任意两点间的距离在位移中保持不变"这一性质的所有点。这些点与 C 之间的距离必须正好为 $|BC|$，同时距离 A' 正好为 $|BA|$。这两个约束正好各自定义了一个圆，其中一个圆以 C 为圆心，而另一个圆则以 A' 为圆心。由于圆心 A' 和 C 并不重合，它们亦非对极点，因此这两个圆的交点最多只有两个。根据圆的构建过程，B 与 C 之间的距离正好。那么，根据 $\perp BB'$ 上构建 C 的过程，B' 与 C 之间的距离也正好。类似的，根据在 $\perp AA'$ 上构建 B 的过程，我们还可以得知 B 与 A' 之间的距离也正好。最后，B' 与 A' 之间的距离也正好，这是因为 $A'B'$ 是 AB 在位移映射 D 作用下的象。

因此，要么有 $R(B)=B$，要么有 $R(B)=B'$。前者可以被排除，因为这将意味着 R 是空位移（不发生任何位移）。由于 $R(A)=A'\neq A$，所以这种情形不可能发生。我们得到 $R(B)=B'$ 这一结论，因此，关于固定点 C 的旋转 R 等同于给定位移 D。

这表明，球面运动具有一个固定点。由于球心也是固定的，那么每个空间旋转有两个固定点。通过这两点的直线即是所期望的转轴。容易推导得出转轴上的每个点都是固定的。

21

上述构造中的 M 点类似于平面位移中的旋转中心，我们对欧拉定理[⊖]的证明类似于平面位移情形中对旋转中心存在性（定理 2.4）的证明。

由于球面运动学类似于平面运动学，我们应该寻找与固定瞬心极迹和运动瞬心极迹相类似的东西。如图 2-11 所示，任何一个球面运动都等效于以下情况：一个运动锥面在一个固定锥面上做无滑动的纯滚动，其中，这两个锥面具有共同顶点。

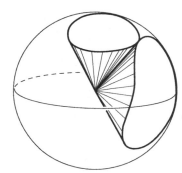

图 2-11　任何球面运动都等同于一个移动锥面在一个固定锥面上做无滑动的纯滚动

2.4　空间运动学[⊖]

我们现在考虑空间中的任意位移。回想一下：与平面情形类似，我们可以将位移描述为旋转与平移的叠加。这为我们提供了一种适用于空间位移的描述，但它并非一种规范描述，因为这种方法取决于参考点的选取。对于平面位移，通过使用旋转中心，我们找到了一种规范描述。同样的情况对于空间位移能否实现？不幸的是，并非所有的空间位移都是旋转。作为例子，考虑图 2-12 中所示的旋量位移（也称螺旋位移，screw displacement）：绕空间中的某条轴线旋转，同时沿该条轴线平移。对于一般的螺旋运动，

⊖ 欧拉定理中的旋转轴线仅是一个巧合，这是因为我们生活在三维空间 $\mathbf{E}^3$ 中。而在二维空间 $\mathbf{E}^2$ 和四维空间 $\mathbf{E}^4$ 中并不存在单个旋转轴线。对于广义空间 $\mathbf{E}^n$ 而言，其中的每个旋转位移通常都是相对于一对轴线（a pair of axes）而言。——译者注

⊖ 关于二维欧氏平面、球面以及三维欧氏空间内的旋转和平移位移分类文氏图，请参照作者电子教案第 3 讲的相关内容。——译者注

并不存在一个固定点，甚至在无穷远处也不存在固定点。处于旋量轴（screw axis）上的
点沿着轴线运动，不在轴线上的点则沿螺旋线（helix）
运动。由于没有固定点，所以旋量位移并不属于旋转。

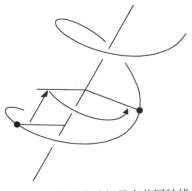

　　不过，下一个定理将表明：所有的空间位移都属于
旋量位移，并且旋量位移为空间位移提供了一种近似
规范的几何描述。

　　定理 2.7（CHASLES 定理）：*每个空间位移都是由
关于某条轴线的旋转以及沿同一轴线的平移叠加而构
成的。*

　　证明：令 D 表示任意一个空间位移，使用定理 2.2
将其分解为旋转 R 和平移 T——$D = R \circ T$。现在将平移

图 2-12　旋量位移把具有共同轴线
的平移和旋转叠加在一起

T 分解为两个分量 $T_\perp$ 和 $T_\parallel$，它们分别垂直和平行于 R 的转轴。因此，我们现在可以得
到下列分解形式 $D = R \circ T_\perp \circ T_\parallel$。现在 $R \circ T_\perp$ 是一个平面运动，因此它等效于关于一条轴
线的某个旋转 S，其旋转轴线平行于 R 的转轴。由此我们得到下列分解形式 $D = S \circ T_\parallel$。
该分解即可完成证明，这是因为我们可以选取 S 的旋转轴线作为 $T_\parallel$ 的轴线。　■

　　上述证明过程表明：旋量轴有时可能在无限远处，如果我们喜欢的话，可以接受这
种螺旋旋量，但这并不是必须的。只有在纯平面平移这种情形下，上述证明才会将旋量
轴构建在无限远处。但是，一个纯的平移可以很简单地由一个旋转分量为零的旋量运动
来表示，其轴线可以是与平移方向平行的任何直线。

　　旋量是一种具有强大功能的描述方法，以至于大量有关运动学的文献都用旋量理论
的语言来表述，提供了无数令人浮想联翩的双关语[☉]。我们不会很深入地去钻研旋量理
论，同时我们尽量避开双关语，但适宜的时候我们将会使用旋量。

　　定义 2.9：旋量（screw）是空间中带有相关旋距（pitch）的一条线。其中，旋距是
指旋量的线性分量与角度分量之间的比率。

　　将旋量想做是一个用来表示运动的几何对象，就像现在这样。但它也可以表示其他
事物，特别是力和扭矩。一个附加说明：我们一定要有意地去模糊旋距（是如何得到的），
是用线性分量去除以角度分量，还是反过来进行计算。选用何种方式取决于应用场景，
对于运动我们用线性分量去除以角度分量，而对于力我们用角度分量去除以线性分量。
对于该点的深入讨论，参见 5.1 节。

　　定义 2.10：运动旋量（twist）是指旋量外加一个标量幅值，它给出了关于旋量轴的

22
～
23

　　☉　在英语里 screw 通常用来指代"倒霉、诅咒"等。——译者注

一个旋转加上沿旋量轴的一个平移。旋转角度为运动旋量的幅值大小，而平移距离则等于该幅值与旋距的乘积。因此，旋距是平移与旋转之间的比率。

使用旋量语言，可以简述 Chasles 定理如下：每个空间位移都是关于某旋量的一个运动旋量。

对于无限小的运动，旋量有着极好的明确定义。因此，在给定时刻，任何运动都将会有一个旋量以及一个与之相关的运动旋量幅值，用以描述该运动的瞬时速度和角速度。这定义了瞬时旋量轴（instantaneous screw axis）。

正如平面运动可以通过使用瞬心极迹的运动来描述那样，空间运动可以通过一个运行在固定瞬轴面（fixed axode）上的一个运动瞬轴面（moving axode）的运动来描述。每个瞬轴面都是一个直纹面（ruled surface）。在任何特定时刻，瞬轴面与某些用于定义瞬时旋量轴的线相接触。根据旋距，运动瞬轴面随着自身的滚动还会沿这些线发生滑动。

但可惜的是，与瞬心极迹的运动相比，瞬轴面的运动难以可视化。当然，瞬心极迹（如图 2-8）和锥面（如图 2-11）可以被看作是特殊情况。图 2-13 展示出了源自文献（Reuleaux, 1876）的两个简单情形。

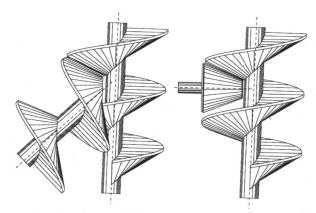

图 2-13　任何空间运动都可等效为在固定瞬轴面上的一个运动瞬轴面的运动。瞬时旋量轴为两个轴面之间的接触线

2.5　运动学约束⊖

操作通常会涉及接触，而接触通常可以从运动学约束（kinematic constraint）方面进

⊖　我们为什么要学习运动约束呢？这是因为约束是操作的基础。操作中有意思的事情大都发生在位形空间的边界上，而边界本身只占位形空间的很小一部分。最简单的机器人操作便是通过抓取，将物体连接在可编程运动装置——机械臂上，此时连接相当于一种约束。很多操作任务的目的涉及到运动约束，例如将东西放在桌面上和安装零件等。最后，我们可以使用运动约束（例如接触）来提高定位精确度，降低系统中不确定性的影响。——译者注

行建模，运动学约束是指对物体可能运动的约束。考虑图 2-14a 中的例子，一个矩形块在一个通道里滑动。通常，该矩形块具有三个自由度，它们分别对应于在 x、y 和 θ 坐标中的自由变化。

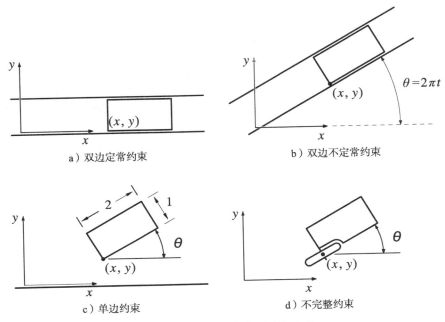

a）双边定常约束   b）双边不定常约束

c）单边约束   d）不完整约束

图 2-14   不同形式的运动学约束

24
~
25

但是该通道对矩形块施加了一个约束，该约束可由下列方程描述：

$$y = 0 \tag{2.1}$$

$$\theta = 0 \tag{2.2}$$

这是最简单的一种约束。约束有很多种类，并且它们都有各自的名字。

例如，假设上述矩形通道被安装在一个转盘上，同时该转盘以一转每秒的速度围绕原点旋转，如图 2-14b 所示。相应的约束方程将会是：

$$x\sin(2\pi t) - y\cos(2\pi t) = 0 \tag{2.3}$$

$$\theta = 2\pi t \tag{2.4}$$

对于一个动态约束（运动着的约束），其技术名称为非定常（rheonomic）约束。当必须要进行区分时，固定约束可被称为定常（scleronomic）约束。

另一种常见的变种是：当作用在运动上的约束不对称时，即当某运动在一个方向上受到约束，但在相反方向并不受约束。假设我们去掉图 2-14c 例子中的一侧通道壁。通过依次审视矩形块的每个顶点，我们可以描述对应约束，写出下列不等式，使所有顶点都保持在正半平面：

$$y \geqslant 0 \tag{2.5}$$

$$y + 2\sin\theta \geqslant 0 \tag{2.6}$$

$$y + 2\sin\theta + \cos\theta \geqslant 0 \tag{2.7}$$

$$y + \cos\theta \geqslant 0 \tag{2.8}$$

虽然我们现在有四个约束不等式，但请注意：在任何时候其中最多只有两个约束是有效的（active），这是因为在上面的例子中最多只有两个顶点可以同时与约束表面接触。对于这种单侧约束，公认名称是单边（unilateral）约束。当必须进行区分时，双侧约束这个变种可被称为双边（bilateral）约束。

最后一种约束最有意思。假设我们去掉通道的两个侧壁，但是在方块上加入一个轮子，从而使其像独轮车或溜冰鞋那样动作，如图 2.14d 所示。在任何给定时刻，该方块可以前后运动，它也可以围绕车轮中心旋转，但不能侧向移动。我们可用下列方程来描述这一约束：

$$\dot{x}\sin\theta - \dot{y}\cos\theta = 0 \tag{2.9}$$

不同的是，该方程不只涉及位形变量 x、y 和 θ，还涉及速度（rate）变量 $\dot{x}$ 和 $\dot{y}$。当然，我们可以对前面的任何一种情况进行微分操作，从而得到关于速度变量的方程。但是，作用在独轮车上的约束并不是这样得到的，我们不可能只用位形变量来描述该约束。正是出于这一原因，此类约束通常被称为不可积（nonintegrable）约束，或称为非完整（nonholonomic）约束。

单边约束是否是非完整约束？在我们所能找到的最古老最经典的应用力学书籍中深入搜寻之后，我对下述定义较为满意：完整（holonomic）约束应该定义为能被表述为关于位形变量及时间的公式，$F(q, t) = 0$；而非完整约束应该定义为无法表述为上述形式的约束。非完整约束需要使用速度变量或不等式。这意味着单边约束是非完整约束。但我们要注意，与机器人相关的文献通常会忽略这一点，事实上，本书在下文中也将忽略这一点。

回想一下自由度的定义：确定系统位形所需的独立变量的数量。那么很明显，每个独立的完整约束都会使系统减少 1 个自由度，但一个非完整约束并不会这样。这个区别非常重要，在下一小节中会有更详细地处理。

不同类型的运动学约束可归纳如下：

双边约束	双侧约束，可以表述为形如 $F(\cdots) = 0$ 的公式
单边约束	单侧约束，需要使用不等式 $F(\cdots) \geqslant 0$ 来表述

（续）

完整约束	可表述为 $F(q,t)=0$ 形式的约束，该约束仅与位形变量或许还与时间有关，但与速度变量无关
不完整约束	无法表述为 $F(q,t)=0$ 形式的约束，需要使用不等式或速度变量
定常约束	一个静态约束，形如 $F(q,\dot{q})=0$，该约束与时间无关
非定常约束	一个动态约束，$F(q,\dot{q},t)=0$，该约束涉及时间

2.5.1　非完整约束[⊖]

我们如何知道一个运动学约束是否为非完整约束呢？给定一个带有速度变量的约束方程

$$F(q,\dot{q},t)=0$$

我们如何知道同样的约束能否被写为与速率变量无关的形式？

图 2-15　一个无法转弯的小车，一旦放置就必须处于位形空间中的单个线条上。这些线组成了位形空间中的一个叶状结构

例如，考虑图 2-15 中所示的轮式小车例子。我们可以写出两个约束方程如下：

$$\dot{x}\sin\theta - \dot{y}\cos\theta = 0 \qquad (2.10)$$

$$\dot{\theta} = 0 \qquad (2.11)$$

其中涉及速度变量，因此它们看似属于非完整约束。但我们也可将上述约束写为如下形式：

$$(x-x_0)\sin\theta - (y-y_0)\cos\theta = 0 \qquad (2.12)$$

$$\theta - \theta_0 = 0 \qquad (2.13)$$

上述公式揭示了该问题中的约束其实属于完整约束。通过审视其位形空间，我们可以看到这些约束属于完整约束。式（2.12）和式（2.13）将小车的位形限制到位形空间中的一条线上。实际中有多种不同的可行线，它们分别对应于小车的不同初始位形 $(x_0, y_0,$

⊖　我们为什么要学习非完整约束（Nonholonomic constraints）呢？因为非完整约束是机器人学中非常基本的问题。机器人一般只有较少数量的电机，其所能产生的独立运动数目最多等于电机的数目。但机器人操作任务的自由度数目要求通常较大。操作任务的自由度要求和机器人独立运动数目之间的差异意味着非完整约束。机器人运动（locomotion）问题中通常会存在非完整约束，而机器人操作问题中则几乎总存在非完整约束。——译者注

θ_0)。对于特定的 θ_0 取值，它在位形空间中所对应的 x–y 平面被角度为 θ_0 的平行线所覆盖，如图 2-15 所示。通过不断改变 θ_0 的取值，我们可以将整个位形空间铺满此类可行线，其中的每条线代表退化后的单自由度位形空间。这种将位形空间划分成子空间的分解方式被称为位形空间的一个叶状结构（foliation），其中的每条线为叶状结构中的一个叶片（leaf）。

独轮车将会是一种什么样的情形呢？有没有可能生成类似的叶状结构呢？对于独轮车来讲，很容易构建与任意位形 (x, y, θ) 相对应的运动：将车轮转向直至车轮指向 (x, y) 方向，直线前进到 (x, y)，再将车轮转向到 θ 角度。因此我们知道，独轮车的位形空间确实是三维的，并且该约束无法表示为一个仅与位形变量相关的等式约束形式（即完整约束形式）。

因此，图 2-15 中的小车例子与图 2-14d 中的独轮车例子之间存在着本质区别。小车的约束方程可以写为不使用速度变量的形式，即这些方程是可积的（integrable）。而另一方面，独轮车的约束方程则是不可积的，即，它属于真正的非完整约束。

要判断一个系统是否为完整约束，有时几何推理便足以胜任，如上面的例子所示。另外，还有一种使用李括号（Lie bracket）的分析方法。我们首先要介绍一些术语。令 $\mathbf{C}$ 表示位形空间，同时将位形写为 $\boldsymbol{q} \in \mathbf{C}$ 的形式。$\mathbf{T}_q\mathbf{C}$ 为 $\boldsymbol{q}$ 处的切空间（tangent space），它是由所有速度向量组成的空间，可被看作是 $\mathbf{R}^n$ 的原点被置于 $\boldsymbol{q}$ 处时的拷贝。一个速度向量可被写为 $\dot{\boldsymbol{q}} \in \mathbf{T}_q\mathbf{C}$。

定义 2.11：k 个 Pfaffian 约束组成的集合具有如下形式：

$$w_i(\boldsymbol{q})\dot{\boldsymbol{q}} = 0, i = 1, \cdots, k$$

其中，w_i 是线性无关的行向量，而 $\dot{\boldsymbol{q}}$ 是一个列向量。

定义 2.12：**向量场**（vector field）是从位形 $\boldsymbol{q}$ 到速度向量 $\dot{\boldsymbol{q}}$ 的一个光滑映射，如下：

$$f(\boldsymbol{q}):\mathbf{C} \mapsto \mathbf{T}_q\mathbf{C}$$

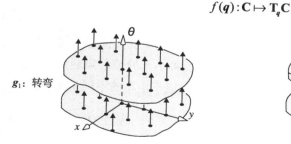
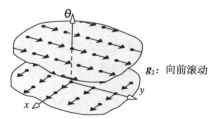

图 2-16   独轮车具有两个独立运动，它们可由两个向量场表示

让我们来构建一些与图 2-14d 中独轮车相关的向量场例子。对于该例，我们有

$q = (x, y, \theta)^{\mathrm{T}}$ 和 $\dot{q} = (\dot{x}, \dot{y}, \dot{\theta})^{\mathrm{T}}$。对于给定的任意 q，存在两个可被视为基本运动的运动。首先，我们总能围绕车轮和地面的接触点旋转：

$$\begin{pmatrix} \dot{x} \\ \dot{y} \\ \dot{\theta} \end{pmatrix} = \begin{pmatrix} 0 \\ 0 \\ 1 \end{pmatrix}$$

其次，我们可以使车轮沿 θ 方向滚动前进：

$$\begin{pmatrix} \dot{x} \\ \dot{y} \\ \dot{\theta} \end{pmatrix} = \begin{pmatrix} \cos\theta \\ \sin\theta \\ 0 \end{pmatrix}$$

29

因此，如图 2-16 所示，我们定义两个向量场 g_1 和 g_2（它们表示独轮车的两个独立运动）：

$$g_1(q) = \begin{pmatrix} 0 \\ 0 \\ 1 \end{pmatrix} \tag{2.14}$$

$$g_2(q) = \begin{pmatrix} \cos\theta \\ \sin\theta \\ 0 \end{pmatrix} \tag{2.15}$$

对于该例，单个 Pfaffian 约束可被写为：

$$w_1 = (\sin\theta, -\cos\theta, 0)$$

容易验证 $w_1 g_1$ 和 $w_1 g_2$ 这两个乘积均为零，这表明对应的运动与约束方程相一致。

定义 2.13：**分布**（distribution）是指一个光滑映射，该映射为 $\mathbf{C}$ 中的每个位形 q 分配了 $\mathbf{T}_q\mathbf{C}$ 中的一个线性子空间。

假设位形空间 $\mathbf{C}$ 的维度为 n。给定 k 个 Pfaffian 约束，在任何位形 q 处，存在一个 $(n-k)$ 维的可行速度线性子空间。因此，回到我们关于独轮车的例子，我们可以定义如下分布：

$$\Delta = \mathrm{span}(g_1, g_2)$$

因此，在每个位形 q 处，我们构建与两个可行运动方向相对应的速度，并使用它们作为速度基来构建由可行速度组成的一个平面。图 2-17 示出了一些此种类型的平面，它们由小圆面来表示。

定义 2.14：如果一个分布的维度在其位形空间内保持不变，则其是**规则的**（regular）。

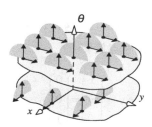

图 2-17　向量场的线性组合给出了一个分布（distribution），它是由所有可行运动组成的
　　　　集合[⊖]

定义 2.15：令 f 和 g 为 C 内的两个向量场。定义**李括号** $[f, g]$ 为如下形式的向量场

$$\frac{\partial g}{\partial q} f - \frac{\partial f}{\partial q} g$$

李括号定义中的两个偏导数，它们是向量场相对于位形空间变化的导数，表示为
$n \times n$ 的矩阵。

定义 2.16：如果一个分布在李括号操作下是闭合的，则它是**对合的**（involutive）。

定义 2.17：一个分布 Δ 的**对合闭包**（involutive closure）是该分布在李括号运算下
的闭包 $\overline{\Delta}$。

定理 2.8（Frobenius 定理）：一个规则分布是可积的，当且仅当该分布是一个对合
分布。

我们放弃对 Frobenius 定理的详细证明，但其证明方法具有启发意义。为了证明一
个可积分布是对合的，我们考虑进行如下动作：给定分布中的两个向量场 f 和 g，

1）在 ε 长的时间段内跟随 f。

2）在 ε 长的时间段内跟随 g。

3）在 ε 长的时间段内跟随 $-f$。

4）在 ε 长的时间段内跟随 $-g$。

现在如果你将这个运动用泰勒级数展开，所有的一阶项将相互抵消，但二阶项的整合结
果便是我们定义为李括号的交叉项（cross-partial）。正是出于以上原因，这个运动通常被
称为李括号运动（Lie bracket motion）。如果分布是可积的，那么这个李括号运动也必须
包含在该分布中，这意味着该分布是对合的，详情参照（Murray 等人，1994）。对其逆
命题的证明，即对合分布是可积的，可通过在空间维度上采用数学归纳法来完成，详情

⊖　独轮车的运动可描述为 $\dot{q} = u_1 g_1 + u_2 g_2$，其中 u_1 和 u_2 为任意实数，它们被称为控制输入。独轮车具有
　　两个控制输入，但它的自由度为 3。非完整约束可使独轮车机器人采用较少的控制输入来控制较多的任
　　务自由度。对于图 2-15 中无法转向小车与图 2-14d 中独轮车之间差异的详细讨论，读者可参照作者提
　　供的电子教案第 5 讲。——译者注

参照（Boothby, 1975）。

Frobenius 定理为我们提供了一种用来确定系统是否为非完整系统的简单测试方法。返回到独轮车的例子，我们有一个分布 $\Delta = \mathrm{span}(g_1, g_2)$，其中向量场 g_1 和 g_2 由式（2.14）和式（2.15）给出。它们的偏导数为

$$\frac{\partial g_1}{\partial q} = \begin{pmatrix} 0 & 0 & 0 \\ 0 & 0 & 0 \\ 0 & 0 & 0 \end{pmatrix} \qquad (2.16)$$

$$\frac{\partial g_2}{\partial q} = \begin{pmatrix} 0 & 0 & -\sin\theta \\ 0 & 0 & \cos\theta \\ 0 & 0 & 0 \end{pmatrix} \qquad (2.17)$$

对于由李括号定义的新的向量场，我们得到

$$g_3 = [g_1, g_2] \qquad (2.18)$$

$$= \frac{\partial g_2}{\partial q} g_1 - \frac{\partial g_1}{\partial q} g_2 \qquad (2.19)$$

$$= \begin{pmatrix} -\sin\theta \\ \cos\theta \\ 0 \end{pmatrix} \qquad (2.20)$$

李括号运动 g_3 是一个平行趴车（parallel-parking，简称平趴）动作，它对应于独轮车的侧向运动。但 g_3 将会违反独轮车的运动约束，它也肯定不在分布 $\Delta = \mathrm{span}(g_1, g_2)$ 中。因此我们看到 Δ 并不是对合分布，因此根据 Frobenius 定理[⊖]，独轮车是一个非完整系统[⊖]。

2.5.2 根据速度中心对平面约束进行分析

平面双边约束可以通过确定可行的速度中心来分析，就像我们构建四杆机构的瞬心极迹（如图 2-8）时那样。上述方法可以推广到单边约束中去，它最初的描述由 Reuleaux（勒洛，德国机械工程专家，机构运动学的创始人）提出。Reuleaux 注意到：

⊖ Frobenius 定理的另一种表述：一组约束是非完整的 ⇔ 平趴运动是有用的。——译者注

⊖ 机器人的电机数目通常比任务自由度数目要小，因而将会存在约束。完整约束是对位形空间的约束：它告诉你无法达到的位置，这意味着自由度的减少，这通常是不好的。非完整约束是对速度的约束：它告诉你某些运动方向因受限制是不可行的，但是你还可以到达自己想去的位置，这通常是好的。平趴动作具有普遍性，如果想向被约束方向移动，可以选择一对控制输入，然后交错振荡，或者使用李括号进行数学上的推导。如果平趴无法达到目的，那么你确实被套牢在叶状结构的一个叶片上，此时需要对机器人电机进行重新布置或者增加新电机。——译者注

通过简单地在每个旋转中心附加一个符号标记，便可分析单边约束。我们将以最简单的情形作为开始：单个单边约束，如图 2-18 所示。对于处在接触法线右侧的速度极点（瞬心），只有负方向（顺时针）的旋转才是可行的。类似地，对于处于接触法线左侧的速度极点，只有正方向（逆时针）的旋转才是可行的。对于处于接触法线上的速度极点，两个方向的旋转都有可能。因此，通过在可能旋转中心的平面区域内做 +、− 或 ± 等标记，我们可以对（单边）约束进行描述。

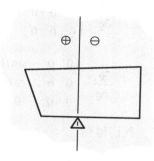

图 2-18   使用 Reuleaux 方法来分析单边约束。对于处于接触法线右侧的瞬心，只有负方向的旋转才是可行的。对于处于接触法线左侧的瞬心，只有正方向的旋转才是可行的

我们如何描述涉及多个约束的系统呢？我们只需对每个约束单独标记其区域，然后只保留标记符号始终如一的区域。如图 2-19a 所示，对于拥有两个反向平行约束的情形，唯一有可能的旋转是那些瞬心处于两个接触法线中间区域（其符号为负）的旋转。类似地，如图 2-19b 所示，对于拥有三个约束的系统，其可能的旋转中心通常为一个三角形区域，有时它会退化为一个点。

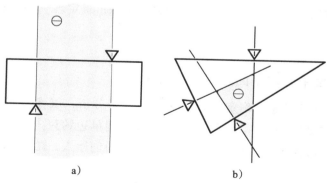

a)   b)

图 2-19   将 Reuleaux 方法应用到具有几个约束的情形。仅保留具有相同正负号标记的瞬心

Reuleaux 方法可以总结如下：

1）对于每个接触点创建一个接触法线。

2）对于每个法线，在平面内标记 +、− 或 ± 等区域。

3）每个标记符号始终如一的区域给出一组可能的转动极点（瞬心）。

我们需要注意上述分析方法有其局限性。正如我们在双边约束分析中所讲到的那样（如图 2-9），这种方法是个一阶的分析方法，有时候会给出错误答案。当一个物体无法运动时，该方法可能会给出运动中心。例如，如果使用 Reuleaux 方法去求解图 2-20 中的两个问题，我们将会得到相同的分析结果，但其中的一个（左图中的例子）实际上无法运动。尽管有其局限性，该方法是一个简洁而有效的工具，特别是当辅以常识知识的时候。

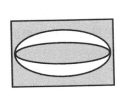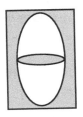

图 2-20　Reuleaux 方法是一种一阶分析方法，有时会给出假阳象结果

2.6　运动机构

本节将对运动机构做一个简要介绍。一个运动机构（kinematic mechanism）是由通过关节（joint）相连的几个被称为连杆（link）的刚体组成的。一个关节会对与其相连的两个连杆施加一个或多个约束。如图 2-21 所示，低副（lower pair）由几种类型的关节组成，这些关节可由具有正接触面积（接触面积大于零）的两个表面构建而成。因此，当一个圆柱轴处于一个与其相匹配的圆柱孔内时，便形成了一个低副，即圆柱副（cylindrical pair）；但当圆柱处于平面上两者为线接触时（此时两者接触面积为零），形成了一个高副（higher pair）。

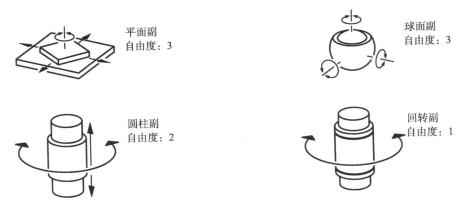

图 2-21　运动低副

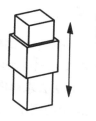
移动副
自由度：1

螺旋副
自由度：1

图 2-21 （续）

关于运动机构的研究将要解决如下问题：对于给定的一个连杆机构，确定该机构的可能运动，以及设计一个能够产生期望运动的连杆机构。我们已经见过一些例子（如图 2-7 和图 2-8）。习题 2.5 到习题 2.7 给出了另外一些有意思的连杆机构。

主要问题之一便是确定一个机构的可动度（mobility）。可动度的定义为：当一个连杆固定时，整个连杆机构的自由度数目。为此，我们将使用连通度（connectivity）这一概念，其定义为：某个特定连杆相对于另一连杆的自由度数目。因此，图 2-22 中机构的可动度为 2（$M=2$），而二号连杆（L2）相对于一号连杆（L1）的连通度为 1（$C_{21}=1$）。

图 2-22 可动度和连通度

有一个简便公式可确定连杆机构的可动度。令 n 表示连杆的数量，g 表示关节的数量。对于第 i 个关节，令 u_i 表示约束的数量，f_i 表示自由度数目，注意到 $u_i+f_i=6$。如果我们将一个连杆看作是固定的，并假设所有约束是相互独立的，那么该机构的可动度 M 即为：

$$M = 6(n-1) - \sum u_i \qquad (2.21)$$

$$= 6(n-1) - \sum (6 - f_i) \qquad (2.22)$$

$$= 6(n-g-1) + \sum f_i \qquad (2.23)$$

这被称为是空间连杆机构的 Grübler 公式。类似地，对于平面连杆机构，我们有如下公式：

$$M = 3(n-1) - \sum u_i \qquad (2.24)$$

$$= 3(n-g-1) + \sum f_i \qquad (2.25)$$

当我们将 Grübler 公式的空间变体应用到平面机构上时，通常会得到错误的答案。这是由于在三维空间中，平面连杆机构的关节约束之间存在着某些依赖关系。

Grübler 公式的另一种变体可被用于带有环路（loop）的机构中。首先注意到对于一个单环运动链而言，其连杆数目等于关节数目（$n=g$），因此有：

$$M = \sum f_i + 6(-1)$$

现在，我们如果加入一个带有 k 个连杆以及 $k+1$ 个关节组成的开式运动链，从而建立一个双环机构，我们将有：

$$M = \sum f_i + 6(-2)$$

每当我们加入一个开式运动链，关节超过连杆的数目便会增加 1。因此，对于包含 l 个环路的运动链而言，如果它属于空间连杆机构，我们有：

$$M = \sum f_i - 6l$$

如果它属于平面连杆机构，我们有：

$$M = \sum f_i - 3l$$

例如，对于一个四杆机构，我们有四个关节，每个关节有一个自由度，并且该机构中有一个回路，因此 $M=1$。

最后一个注意事项：因为 Grübler 公式建立在"约束之间相互独立"这一非常强的假设之上，在使用该公式的时候需要配套大量的常识知识。

2.7　文献注释

对本章内容而言，（Reuleaux, 1876）和（Hilbert 和 Cohn-Vossen, 1952）是必不可少的读物。本书中许多关于运动连杆的资料以及一些历史背景都出自（Hartenberg 和 Denavit, 1964）。文献（Bottema 和 Roth, 1979）和（McCarthy, 1990）中对理论运动学有更为详细的处理。特别是，读者可以参考他们对欧拉定理以及平面转动极点的分析证明。文献（Lin 和 Burdick, 2000）解决了特殊欧式群的度量问题。对非完整约束的分析，其资料改编自（Murray 等人，1994），对于与之相关的主题内容，也可以参考（Brockett, 1990）。本书中的运动约束导论改编自（Paul, 1979）。对于旋量理论及其在机构学中的应用，文献（Ball, 1900）和（Hunt, 1978）中有更为详细的推导。对于运动学约束的更高阶分析则由（Rimon 和 Burdick, 1995）给出。

36

习题

2.1：人们通常说 $\mathbf{E}^3$ 中的一条线有 4 个自由度，因为需要使用 4 个数字来指定一条线。然而，对定义 2.2 和定义 2.4 进行仔细解读则表明：$\mathbf{E}^3$ 中的一条线有 5 个自由度。试证明 $\mathbf{E}^3$ 中的一条线可以通过 4 个数字得到确定。同时根据我们的定义，解释为什么该条线有 5 个自由度。

2.2：图 2-4 给出了一个例子，它表明一般情况下空间旋转并不满足交换律。请举例说明，一般情况下平面位移不满足交换律。

2.3：图 2-23 展示出了一个平面移动机器人，它可以周期性地依次通过 A、B、C 这三个位置。机器人规划由三个旋转组成的序列，使得它可以周期性地依次通过这三个期望位置。建立这个周期性运动中的固定和移动瞬心极迹。

机器人发现自己无法执行规划方案。这是由什么困难造成的呢？

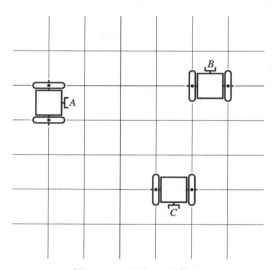

图 2-23   习题 2.3 的构造

2.4：你的新冰箱已交付使用，你需要将它从厨房中心搬到角落里去，参照图 2-24。你可以依照"行走"（walk）的方式去移动冰箱，具体操作方式如下：将冰箱的重量向一只脚转移，然后推动冰箱使其围绕该负重中心脚旋转。求解一条短的旋转序列，使得冰箱可以按照行走方式被搬到角落中去，并建立对应的瞬心极迹。不要穿过任何墙壁（提示：反向求解装配问题通常会比较容易，因此求解一条从目标到起始点的路径）。

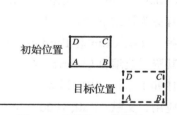

图 2-24   习题 2.4 的构造

2.5：图 2-25 展示出了一个名为曲柄滑块（slider-crank）的简单平面机构。当曲柄做 360° 旋转时，滑块会做往复运动。仔细画出该机构的一些位

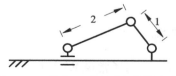

图 2-25   习题 2.5 中的曲柄滑块机构

形，并且对于每种位形构建耦合连杆的中心点的瞬心。画出相应的瞬心极迹。通过对曲柄转角每隔 30° 进行采样，你将需要构造至少 12 种不同的位形。为了构建运

动瞬心极迹，你可能需要使用透明的醋酸纤维纸或描图纸。

2.6：图 2-26 中展示出了一个名为切比雪夫连杆机构（Cheb-
    yshev linkage）的四连杆机构。其中的两个连杆来回摇
    摆，使得耦合连杆做更复杂的运动。耦合连杆中心点轨
    迹路径中的一部分可近似为一条直线。采用习题 2.5 中
    的步骤来构建对应的固定瞬心极迹和运动瞬心极迹。

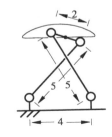

图 2-26   习题 2.6 中的切比
雪夫连杆机构

2.7：图 2-27 展示出了一个名为瓦特连杆机构（Watt's linkage）
    的简单平面机构。与前面的习题类似，耦合连杆中心点
    轨迹路径中的一部分可近似为一条直线。采用习题 2.5
    中的步骤来构建对应的固定瞬心极迹和移动瞬心极迹。

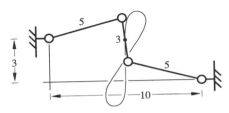

图 2-27   习题 2.7 中的瓦特连杆机构

2.8：应用 Reuleaux 方法来求解图 2-28 中的问题，确定被约束刚体的所有可能运动。

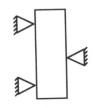

图 2-28   习题 2.8 中的三个单边约束问题

2.9：假设我们已经在一个三角形物体上放置了三根手指，如图 2-19b 所示。在拿起三角
    形物体之前，我们希望该物体相对于手指固定。求解如何放置第四根手指，从而能
    够使该三角形物体固定。使用 Reuleaux 方法来证明你的布置方案确实可行，假设
    手指是完全刚性的。

2.10：使用 Frobenius 定理来证明平面中的一个刚体，如果有两个独立 Pfaffian 约束作用
    其上，那么这些约束必为完整约束。

运动学表示

本章介绍空间旋转和空间位移的表示。这些表示是满足计算目的所必需的，但更重要的是，它们丰富了我们的直觉，并让我们可以洞察空间运动的性质。

3.1 空间旋转的表示

有多种不同的方案可用来表示旋转，但究其本质而言，这些方法中只有极少数是与众不同的。本节将介绍一些基本概念，同时还介绍这些概念在不同的表示方法中是如何体现的。

在表示旋转的时候有两个大问题，这两大问题都关系到旋转所固有的、无可争议的性质：

- 旋转不满足交换律（见图 2-4）。
- 空间旋转的拓扑结构在三维欧氏空间中没有一个光滑嵌入（smooth embedding）。

第一个问题，旋转的不可交换性，这是众所周知的，在很多基础物理书籍中都会有相关讨论。即便如此，在头脑中认真理清这一事实相当重要，这是因为某些表示方法看起来似乎与这一事实相矛盾（习题 3.8）。第二个问题，三维欧氏空间内光滑嵌入的缺失，这意味着并不存在一个只用三个数字的光滑表示。这个问题类似于在地球表面上为各个地点分配坐标。我们所使用的经度和纬度表示方法在地球的两极处会变得十分别扭，此时随便踏出一步便会引起经度值的彻底改变。我们并不期待寻找一个更为优秀的表示系统，这是因为不存在这样的系统——不可能用一个平面去光滑地包裹一个球面。类似地，不可能用三维欧氏空间去光滑地包裹旋转空间 $\mathbf{SO}(3)$ [译注]。

因此在设计旋转的表示方法时，我们需要做出如下选择：只用 3 个数字，但同时忍受由此而引起的奇点问题；或者使用 4 个（或更多个）数字，同时忍受冗余。这种选择取决于随具体应用而变化的多种因素。对于计算机来讲，存在冗余并不是问题，所以大多数算法使用带有冗余数字的表示方法。而另一方面，人们有时则偏好于使用最少量的数字集合。正是由于这些原因以及其他差异，所以并不存在某个更为优秀的表示方法。

[译注] $SO(3)$ 的拓扑结构为 $\mathbf{P}^3$，其中 $\mathbf{P}^3$ 为通过 $\mathbf{R}^4$ 空间原点的所有直线组成的集合。可以证明不存在一个 $\mathbf{P}^3 \rightarrow \mathbf{R}^4$ 的光滑映射。因而，在三维欧氏空间中不存在"好"的三参数表示方法。——译者注

因此通常必须保持使用几种不同的表示方法，我们还可以使用相关程序在不同的表示方法之间进行转换。

41

3.1.1　轴线 – 角度

欧拉定理（定理 2.6）指出：在任何空间旋转中都会有某些直线保持固定，它们被称为旋转轴线（转轴）。让我们将原点固定在转轴上的某个位置，并令 $\hat{n}$ 表示沿转轴方向的单位向量。令 θ 表示旋转的幅值大小，同时将相对于 $\hat{n}$ 的右手方向作为旋转的正方向，如图 3-1 所示。那么，有序数对 $(\hat{n},\theta)$ 可以指代一个旋转，我们将其标记为 $\mathrm{rot}(\hat{n},\theta)$。注意到对于

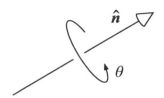

图 3-1　使用轴线 – 角度方法来表示空间旋转

大多数旋转而言，这个表示是二对一的映射，即 $\mathrm{rot}(-\hat{n},-\theta)$ 将给出与 $\mathrm{rot}(\hat{n},\theta)$ 相同的旋转结果。冗余的另一个额外来源是：对于任意整数 k，$\mathrm{rot}(\hat{n},\theta+2k\pi)$ 与 $\mathrm{rot}(\hat{n},\theta)$ 相同。通过将 θ 限制在某个合适的范围内，例如 $[0,\pi]$，可以在一定程度上改善上述两个冗余问题。不过更麻烦的难题在于：当 $\theta=0$ 时，旋转轴是不确定的，此时该种表示方法将给出无穷对一的映射。

对于旋转的表示，我们有三件事情可做。第一，我们可以用它进行交流或者记录旋转；第二，我们可以用它来旋转物体，例如记录一个点经过旋转之后的表示；第三，给定两个旋转，我们可能想要表示它们的叠加结果。不过，对于计算叠加而言，轴线 – 角度（也称轴 – 角）表示方法是一个不好的选择。

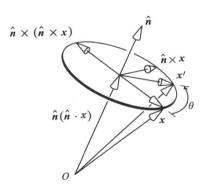

图 3-2　罗德里格斯公式的几何推导

要旋转一个点，我们将使用罗德里格斯公式（Rodrigues's formula），如图 3-2 所示。假定用向量 x 来表示被旋转的点。首先，我们将 x 分解为分别与转轴 $\hat{n}$ 平行和垂直的两部分：$x = x_{\parallel} + x_{\perp}$。我们可将 $x_{\parallel}$ 重写为 $\hat{n}(n\cdot x)$，并将 $x_{\perp}$ 重写为 $-\hat{n}\times(\hat{n}\times x)$，于是我们得到：

$$x = \hat{n}(\hat{n}\cdot x) - \hat{n}\times(\hat{n}\times x) \qquad (3.1)$$

平行分量并不受旋转的影响。当旋转垂直分量时，我们得到：

$$x' = \hat{n}(\hat{n}\cdot x) + \sin\theta(\hat{n}\times x) - \cos\theta\,\hat{n}\times(\hat{n}\times x) \tag{3.2}$$

上式便是罗德里格斯公式。它的一个常用变体为：

$$x' = x + (\sin\theta)\hat{n}\times x + (1-\cos\theta)\hat{n}\times(\hat{n}\times x) \tag{3.3}$$

罗德里格斯公式的应用远远超出了对点的旋转。例如，后续部分中我们将使用罗德里格斯公式来推导从一种表示方法到另一种表示方法的变换。

3.1.2　旋转矩阵

出于很多方面的原因，旋转矩阵（rotation matrix）是空间旋转中最有用的一种表示方式，这是因为对一个点的旋转操作以及对两个旋转的叠加运算，都可以使用矩阵乘法来实现。下面，我们以旋转矩阵的推导作为开始。

令原点处于旋转轴线之上，并令 $(\hat{u}_1, \hat{u}_2, \hat{u}_3)$ 描述一个右手坐标系；即，$\hat{u}_i$ 将是相互正交的单位向量，其中 $\hat{u}_1\times\hat{u}_2 = \hat{u}_3$。令 $(\hat{u}_1', \hat{u}_2', \hat{u}_3')$ 表示旋转之后的象。旋转可根据 $\hat{u}_i$ 的运动而得到完全确定。我们将 $\hat{u}_i'$ 表达在 $\hat{u}_i$ 坐标里，并将它们整理为矩阵形式如下：

$$\hat{u}_1' = \begin{pmatrix} a_{11} \\ a_{21} \\ a_{31} \end{pmatrix} = \begin{pmatrix} \hat{u}_1\cdot\hat{u}_1' \\ \hat{u}_2\cdot\hat{u}_1' \\ \hat{u}_3\cdot\hat{u}_1' \end{pmatrix} \tag{3.4}$$

$$\hat{u}_2' = \begin{pmatrix} a_{12} \\ a_{22} \\ a_{32} \end{pmatrix} = \begin{pmatrix} \hat{u}_1\cdot\hat{u}_2' \\ \hat{u}_2\cdot\hat{u}_2' \\ \hat{u}_3\cdot\hat{u}_2' \end{pmatrix} \tag{3.5}$$

$$\hat{u}_3' = \begin{pmatrix} a_{13} \\ a_{23} \\ a_{33} \end{pmatrix} = \begin{pmatrix} \hat{u}_1\cdot\hat{u}_3' \\ \hat{u}_2\cdot\hat{u}_3' \\ \hat{u}_3\cdot\hat{u}_3' \end{pmatrix} \tag{3.6}$$

$$A = (a_{ij}) = (\hat{u}_1'|\hat{u}_2'|\hat{u}_3')$$

因为一个旋转矩阵有 9 个数字，而空间旋转仅有 3 个自由度，所以我们将会有 6 个冗余数字，实际上在旋转矩阵的这 9 个数字中存在着 6 个约束：

$$|\hat{u}_1'| = |\hat{u}_2'| = |\hat{u}_3'| = 1 \tag{3.7}$$

$$\hat{u}_3' = \hat{u}_1'\times\hat{u}_2' \tag{3.8}$$

上述公式只是重申这些向量是组成右手坐标系的单位向量。满足这些性质的矩阵被称为是正交的（orthonormal）。当用于表示旋转时，它们被简单地称为旋转矩阵。

1. 使用旋转矩阵来转动一点

如果我们在坐标系$(\hat{u}_1, \hat{u}_2, \hat{u}_3)$中使用点 x 的坐标 (x_1, x_2, x_3) 来表示该点，那么旋转后的对应点 x' 在$(\hat{u}'_1, \hat{u}'_2, \hat{u}'_3)$ 坐标系中则由同一坐标给出：

$$x' = x_1\hat{u}'_1 + x_2\hat{u}'_2 + x_3\hat{u}'_3 \tag{3.9}$$

$$= x_1 A\hat{u}_1 + x_2 A\hat{u}_2 + x_3 A\hat{u}_3 \tag{3.10}$$

$$= A\left(x_1\hat{u}_1 + x_2\hat{u}_2 + x_3\hat{u}_3\right) \tag{3.11}$$

$$= Ax \tag{3.12}$$

因此，点的转动可以通过常用的矩阵乘法来实现。

2. 使用旋转矩阵进行坐标变换

使用旋转矩阵对一个点进行转动操作，这与坐标变换问题是密切相关的。假设我们有 A 和 B 两个不同的坐标系，我们将使用机构学及机器人文献中常见的符号来表示坐标系，使用左上角标来指代向量或矩阵所在的坐标系。因此：

x 一个点

$\boldsymbol{x}$ 从原点 O 指向点 x 的一个几何向量，或者由三个数字组成的一个向量，这些数字表示点 x 在一个未具体指定的坐标系中的坐标

${}^A\boldsymbol{x}$ 由三个数字组成的一个向量，这些数字表示点 x 在参考系 A 中的坐标

令 ${}^A\boldsymbol{x}$ 表示某 x 点在参考系 A 中的坐标，令 ${}^B\boldsymbol{x}$ 表示同一点在参考系 B 中的坐标，令 ${}^B_A\boldsymbol{R}$ 表示将坐标系 B 转动到坐标系 A 的旋转矩阵。那么我们已经看到 ${}^B_A\boldsymbol{R}$ 表示点 x 的旋转：

$$ {}^B\boldsymbol{x}' = {}^B_A\boldsymbol{R}\,{}^B\boldsymbol{x} \tag{3.13}$$ $\boxed{44}$

这里，我们可以将旋转矩阵的左上角标看作是用来指示矩阵的坐标系。这种操作只能应用于当矩阵和列向量表示在同一坐标系中时，即它们具有相同的左上角标。

然而，使用相同的矩阵乘法，我们也可以表示坐标变换：

$$ {}^B\boldsymbol{x} = {}^B_A\boldsymbol{R}\,{}^A\boldsymbol{x} \tag{3.14}$$

这里，向量的左上角标需要与矩阵的左下角标相匹配。直观上讲，通过相乘使得这些角标"相互抵消"，只剩下左上角标 B。

3. 使用旋转矩阵表示旋转的叠加

令旋转矩阵 $\boldsymbol{R}_1$ 和 $\boldsymbol{R}_2$ 表示两个依次进行的旋转。令 p 表示某个点，p' 表示第一次旋

转之后的象，p'' 表示第二次旋转之后的象。这里，矩阵和列向量相对于同一个未指定的坐标系进行表示。根据矩阵乘法的分配律，我们有：

$$p' = R_1 p \qquad (3.15)$$
$$p'' = R_2(p') \qquad (3.16)$$
$$= R_2(R_1 p) \qquad (3.17)$$
$$= (R_2 R_1) p \qquad (3.18)$$

因此，两个旋转的叠加可由两个旋转矩阵的乘积来表示。

4. 旋转矩阵的其他性质

旋转矩阵通常是我们首选的表示方法，这是因为它有如下性质可用来简化计算：

- 零旋转由单位矩阵表示：

$$\text{rot}(\hat{n}, 0) \mapsto I \qquad (3.19)$$

- 旋转的逆由矩阵转置给出：

$$\text{rot}(\hat{n}, -\theta) \mapsto R^{-1} = R^{\text{T}} \qquad (3.20)$$

- 旋转矩阵的坐标变换：

$$^A R = {}^A_B R \, {}^B R \, {}^B_A R \qquad (3.21)$$

45　　其中 $^A R$ 和 $^B R$ 为旋转矩阵，${}^A_B R$ 和 ${}^B_A R$ 是坐标变换矩阵$^\ominus$。

5. 轴线 – 角度到矩阵表示的变换

假设我们使用轴线 – 角度方法来表示一个旋转，我们需要对应的旋转矩阵。罗德里格斯公式为该问题提供了一个简单的解决方法，此时若使用其他方法则会非常繁琐。罗德里格斯计算公式为：

$$x' = x + (\sin\theta)\hat{n} \times x + (1 - \cos\theta)\hat{n} \times (\hat{n} \times x)$$

在这些情况下，一个有用的技巧是将向量叉积重写为矩阵操作。定义 N：

$$N = \begin{pmatrix} 0 & -n_3 & n_2 \\ n_3 & 0 & -n_1 \\ -n_2 & n_1 & 0 \end{pmatrix} \qquad (3.22)$$

使得

$$Nx = \hat{n} \times x \qquad (3.23)$$

代入到罗德里格斯公式：

　　$\ominus$　旋转矩阵实例，参见原书作者电子教案第七讲。——译者注

$$\boldsymbol{x}' = \boldsymbol{x} + (\sin\theta)\boldsymbol{N}\boldsymbol{x} + (1-\cos\theta)\boldsymbol{N}^2(\hat{\boldsymbol{n}}\times\boldsymbol{x}) \qquad (3.24)$$

将方程右侧关于 $\boldsymbol{x}$ 的系数整理在一起，便得到一个关于旋转矩阵的表达式：

$$\boldsymbol{R} = \boldsymbol{I} + (\sin\theta)\boldsymbol{N} + (1-\cos\theta)\boldsymbol{N}^2 \qquad (3.25)$$

将旋转矩阵展开，得到：

$$\begin{pmatrix} n_1^2 + (1-n_1^2)c\theta & n_1 n_2(1-c\theta) - n_3 s\theta & n_1 n_3(1-c\theta) + n_2 s\theta \\ n_1 n_2(1-c\theta) + n_3 s\theta & n_2^2 + (1-n_2^2)c\theta & n_2 n_3(1-c\theta) - n_1 s\theta \\ n_1 n_3(1-c\theta) - n_2 s\theta & n_2 n_3(1-c\theta) + n_1 s\theta & n_3^2 + (1-n_3^2)c\theta \end{pmatrix} \qquad (3.26)$$

其中 $c\theta = cos\theta$，$s\theta = \sin\theta$。

6. 将矩阵转换为轴 – 角表示

给定某个旋转矩阵 $\boldsymbol{R}$，我们需要求解其所对应的轴 – 角表示 $\mathrm{rot}(\hat{\boldsymbol{n}}, \theta)$。首先，我们应该注意到，当 $\theta=0$ 时，转轴是不确定的。所以当 $\boldsymbol{R}$ 为单位矩阵时，我们不应该指望去计算 $\hat{\boldsymbol{n}}$。此外，我们必须要能甘心于接受下列事实：当 $\boldsymbol{R}$ 接近单位矩阵时，变换方法将会是病态的。该问题的本质在于：当 $\boldsymbol{R}$ 接近单位矩阵时，$\boldsymbol{R}$ 的微小变换将会引起 $\hat{\boldsymbol{n}}$ 的显著变化。

另一方面，当 $\theta = 180°$ 时，则不存在此类困难。而其他一些广为人知的方法在此情况下将会失效，所以要小心。一个简单方法是将矩阵转换为四元数，然后再将四元数转换为轴 – 角形式。对于其中的每种变换，3.1 节中会给出具有良好效果的方法。 |46|

7. 微分旋转

对于一个微分旋转 $\mathrm{rot}(\hat{\boldsymbol{n}}, \mathrm{d}\theta)$，考虑罗德里格斯公式：

$$\boldsymbol{x}' = (\boldsymbol{I} + \sin\mathrm{d}\theta\boldsymbol{N} + (1-\cos\mathrm{d}\theta)\boldsymbol{N}^2)\boldsymbol{x} \qquad (3.27)$$
$$= (\boldsymbol{I} + \mathrm{d}\theta\boldsymbol{N})\boldsymbol{x} \qquad (3.28)$$

因而

$$\mathrm{d}\boldsymbol{x} = \boldsymbol{N}\boldsymbol{x}\mathrm{d}\theta \qquad (3.29)$$
$$= \hat{\boldsymbol{n}}\times\boldsymbol{x}\mathrm{d}\theta \qquad (3.30)$$

这给出了一个在微分旋转中使用叉积的简单理由。如果我们定义角速度向量 $\boldsymbol{\omega}$ 如下：

$$\boldsymbol{\omega} = \hat{\boldsymbol{n}}\frac{\mathrm{d}\theta}{\mathrm{d}t} \qquad (3.31)$$

那么，我们可得到：

$$\mathrm{d}\boldsymbol{x} = \boldsymbol{\omega}\times\boldsymbol{x}\mathrm{d}t \qquad (3.32)$$

容易推出微分旋转是向量：你可以对它们进行缩放，然后把它们加起来。

8. 矩阵表示方法总结

出于多方面的原因，旋转矩阵是一种方便的表示方式。旋转矩阵和空间旋转之间的映射是一对一的，且不存在奇点。旋转一个向量十分简单，多个旋转的叠加与求逆操作也都很简单。该方法的另外一个特点是矩阵代数为人们所熟悉。该方法的主要缺点是它涉及到很多数字，这往往让人觉得旋转矩阵比较难以理解。此外，旋转矩阵还可能积累数值误差，因而需要使用奇异值分解或其他技术把旋转矩阵单位化。

3.1.3 欧拉角

空间旋转可以用 3 个数字来表示，这些数字分别对应了围绕从某坐标系中选出的轴线连续进行的 3 个旋转时所转过的角度。该种方法有几种不同的使用惯例，它们随转轴的选取而变化，同时也受这些连续旋转是围绕变换后的（transformed）轴线或是围绕原始的固定（fixed）轴线这些因素的影响而变化[○]。本节中采用 ZYZ 惯例，即，欧拉角 (α,β,γ) 可解释为围绕 z 轴转过 α 角度，然后围绕变换后的 y' 轴转过 β 角度，最后围绕经过两次变换后的 z″ 轴转过 γ 角度，如图 3-3 所示：

$$(\alpha, \beta, \gamma,) \mapsto \mathrm{rot}(\gamma, \hat{z}'')\mathrm{rot}(\beta, \hat{y}')\mathrm{rot}(\alpha, \hat{z}) \tag{3.33}$$

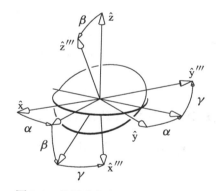

图 3-3　使用欧拉角来表示空间旋转

任何空间旋转都可用 ZYZ 欧拉角来表示。假设给定某坐标系 $(\hat{x}, \hat{y}, \hat{z})$，以及它在期望旋转作用下的象 $(\hat{x}''', \hat{y}''', \hat{z}''')$。我们可以表述欧拉角如下：

围绕 $\hat{z}$ 轴旋转 α 角度直至 $\hat{y}' \perp \hat{z}'''$；

围绕 $\hat{y}'$ 轴旋转 β 角度直至 $\hat{z}'' \| \hat{z}'''$；

围绕 $\hat{z}''$ 轴旋转 γ 角度直至 $\hat{y}'' = \hat{y}'''$。

○ 我们常将变换后的坐标系称为"当前坐标系"，而将固定坐标系称为"世界坐标系"。——译者注

需要注意上述程序并不能完全确定 α、β 以及 γ 这些参数。在一般情况下，$\sin\beta \neq 0$，此时存在两种选项，这是因为 $(\alpha+\pi, -\beta, \gamma+\pi)$ 与 (α, β, γ) 将会给出相同的结果。当 $\sin\beta = 0$ 时，会出现两种特殊情况。如果 $\hat{z} = \hat{z}'''$，那么 $\beta = 0$，此时可以自由选择 α 的取值——此时只有 α 与 γ 两者之和才有关系。如果 $\hat{z} = -\hat{z}'''$，那么 $\beta = \pi$，再次出现 α 的取值可以自由选择的情况——此时只有 α 与 γ 两者之差才最为重要。所以从欧拉角到空间旋转的映射通常是二对一的关系，除去两个特殊情况。特殊情况下映射是一个连续体（continuum）对一的关系。

对点的旋转和构建复合旋转来讲，欧拉角都不是一个方便的表示方法。通常更为明智的做法是变换到旋转矩阵或者其他更适合于计算用途的表示方法。

48

1. 欧拉角到旋转矩阵的变换

使用下列公式，ZYZ 欧拉角可被映射到一个空间旋转：

$$\text{rot}(\gamma, \hat{z}'')\text{rot}(\beta, \hat{y}')\text{rot}(\alpha, \hat{z}) \tag{3.34}$$

幸运的是，我们可以改变操作顺序，并围绕固定转轴进行旋转（参照习题 3.3）：

$$\text{rot}(\alpha, \hat{z})\text{rot}(\beta, \hat{y})\text{rot}(\gamma, \hat{z}) \tag{3.35}$$

通过使用旋转矩阵来替代上式中的每个因子，然后将乘积展开，我们可以得到等效的旋转矩阵。在下面的公式中，我们采用了 $c\alpha = \cos\alpha$、$s\alpha = \sin\alpha$ 等简写符号：

$$
\begin{pmatrix} c\alpha & -s\alpha & 0 \\ s\alpha & c\alpha & 0 \\ 0 & 0 & 1 \end{pmatrix}
\begin{pmatrix} c\beta & 0 & s\beta \\ 0 & 1 & 0 \\ -s\beta & 0 & c\beta \end{pmatrix}
\begin{pmatrix} c\gamma & -s\gamma & 0 \\ s\gamma & c\gamma & 0 \\ 0 & 0 & 1 \end{pmatrix}
$$
$$
= \begin{pmatrix} c\alpha\,c\beta\,c\gamma - s\alpha\,s\gamma & -c\alpha\,c\beta\,s\gamma - s\alpha\,c\gamma & c\alpha\,s\beta \\ s\alpha\,c\beta\,c\gamma + c\alpha\,s\gamma & -s\alpha\,c\beta\,s\gamma + c\alpha\,c\gamma & s\alpha\,s\beta \\ -s\beta\,c\gamma & s\beta\,s\gamma & c\beta \end{pmatrix} \tag{3.36}
$$

沿另一方向的变换，即从一个旋转矩阵到一组欧拉角的变换，并非如此简单。假设给定某矩阵：

$$(r_{ij}) = \begin{pmatrix} r_{11} & r_{12} & r_{13} \\ r_{21} & r_{22} & r_{23} \\ r_{31} & r_{32} & r_{33} \end{pmatrix} \tag{3.37}$$

我们设置 (r_{ij}) 等于式（3.36）中的矩阵，求解 α、β 以及 γ 这些参数并将它们表示为关于 r_{ij} 的函数形式。其中两个参数的求解较为简单：α 等于 $\tan^{-1}(r_{23}, r_{13})$，$\gamma$ 等于 $\tan^{-1}(r_{32}, -r_{31})$；这里，我们假设 $\tan^{-1}$ 是一个双参数的反正切函数，它将一个点的坐标 (y, x) 映射到对应角度。但是，这种方法无法解决 $\sin\beta = 0$ 这种特殊情况。我们似乎应该对这些特殊情况进行单独处理，但我们将使用一种更为优雅的方法，它对所有情况一视同仁。但是该方法需要使用一个不会在 $\tan^{-1}(0,0)$ 处产生错误的反正切计算程序。

其主要策略是使用 α 和 γ 这两个参数的和与差。令 σ 表示两者之和，δ 表示两者之差：

$$\sigma = \alpha + \gamma \tag{3.38}$$

$$\delta = \alpha - \gamma \tag{3.39}$$

那么，

$$\alpha = (\sigma + \delta)/2 \tag{3.40}$$

$$\gamma = (\sigma - \delta)/2 \tag{3.41}$$

现在，将注意力转移到矩阵（3.36），我们观察到：

$$r_{22} + r_{11} = \cos\sigma\,(1 + \cos\beta) \tag{3.42}$$

$$r_{22} - r_{11} = \cos\delta\,(1 - \cos\beta) \tag{3.43}$$

$$r_{21} + r_{12} = \sin\delta\,(1 - \cos\beta) \tag{3.44}$$

$$r_{21} - r_{12} = \sin\sigma\,(1 + \cos\beta) \tag{3.45}$$

求解 σ 和 δ，我们得到

$$\sigma = \tan^{-1}(r_{21} - r_{12},\ r_{22} + r_{11}) \tag{3.46}$$

$$\delta = \tan^{-1}(r_{21} + r_{12},\ r_{22} - r_{11}) \tag{3.47}$$

$\sin\beta = 0$ 这种情况似乎仍是一个问题，但实际上，上述方法已完美地解决了这个问题。在 $\beta = 0$ 处，我们得到 σ 的一个解，但 δ 是不确定的。在 $\beta = \pi$ 处，我们应该得到 δ 的一个解，但 σ 是不确定的。这正是该解决方案的行为特性。不确定参数的取值将默认取为 $\tan^{-1}(0,0)$ 的任何返回值，通常为 0。在远离奇点处，σ 和 δ 可被唯一确定。给定 σ 和 δ，我们使用式（3.40）和式（3.41）来求解 α 和 γ。为了求解 β，我们使用 α 的解来计算 $\cos\alpha$ 和 $\sin\alpha$，然后使用

$$\beta = \tan^{-1}(r_{13}\cos\alpha + r_{23}\sin\alpha,\ r_{33}) \tag{3.48}$$

2. 欧拉角表示方法总结

欧拉角的方便之处主要在于它们只使用 3 个数字，这种表示方法不存在冗余。欧拉角提供了一种能够使空间旋转可视化的好方法。此外，它们常被用在旋转物体的动力学分析中。但是出于很多方面的原因，人们通常优先选择其他方法。

3.1.4　四元数

四元数是由实数组成的一个四元组，它满足我们在下文中将要定义的加法和乘法操

作规则。四元数最初是作为复数的推广，由 Hamilton（汉密尔顿，数学家）引入的。正如复数使我们能够做二维向量的乘除运算，四元数使我们能够做四维向量的乘除运算。并且，正如平面旋转可通过复数乘积来实现，四维空间的旋转可以通过四元数的乘积来实现。通过使用一个简单的技巧，我们也可以用四元数来旋转三维空间。 50

除去本身构造优雅这一事实之外，四元数在旋转的表示方面是非常有用的。四元数中的元素也被称为有限旋转的欧拉参数（Euler parameter），它不应与欧拉角相混淆。（如果这些都不足以令人困惑，Cheng 和 Gupta（1989）指出欧拉本人实际上是第一个推导出罗德里格斯公式的人，而罗德里格斯本人则是第一个推导出欧拉参数的。最扭曲的是：如 Altmann（1989）文中所讲，高斯已经发明了四元数，但从未费心去发布。）

定义 3.1：实四元数（real quaternion）是一个四元组 (q_0,q_1,q_2,q_3)，有时它被写为包含四个基本元素的形式如下：

$$q = q_0 1 + q_1 i + q_2 j + q_3 k \tag{3.49}$$

其中，所有的 q_i 均为实数。我们定义如下运算：

1）两个四元数之和（sum）类似于向量之和：

$$p + q = (p_0+q_0)1 + (p_1+q_1)i + (p_2+q_2)j + (p_3+q_3)k \tag{3.50}$$

2）一个标量与一个四元数的**乘积**（product）由下式给出：

$$wq = (wq_0)1 + (wq_1)i + (wq_2)j + (wq_3)k, w \in \mathbf{R} \tag{3.51}$$

3）四元数之间的**乘积**（product）通过规定乘法相对于加法的分配律，并通过指定下列基本元素的乘积而定义：

$$i^2 = j^2 = k^2 = -1 \tag{3.52}$$

$$ij = k \tag{3.53}$$

$$jk = i \tag{3.54}$$

$$ki = j \tag{3.55}$$

4）四元数的**共轭**（conjugate）类似于复数共轭：

$$q^* = q_0 1 - q_1 i - q_2 j - q_3 k \tag{3.56}$$

5）四元数的**长度**（length）定义为：

$$|q| = \sqrt{qq^*} = \sqrt{q_0^2 + q_1^2 + q_2^2 + q_3^2} \tag{3.57}$$

容易证明上述定义中的加法和乘法都有正确属性——加法服从结合律和交换律，而
乘法则服从结合律但并不满足交换律。

四元数也可以被解释为一个标量部分 q_0 与一个向量部分 q 之和：

$$q = q_0 + \boldsymbol{q} \tag{3.58}$$

其中

$$\boldsymbol{q} = q_1\boldsymbol{i} + q_2\boldsymbol{j} + q_3\boldsymbol{k} \tag{3.59}$$

容易证明两个四元数的乘积可以写为：

$$pq = p_0q_0 - \boldsymbol{p} \cdot \boldsymbol{q} + p_0\boldsymbol{q} + q_0\boldsymbol{p} + \boldsymbol{p} \times \boldsymbol{q} \tag{3.60}$$

我们可以将标量、向量以及复数看作是特殊的四元数，这种看法是合理的——加法和乘法会给出我们熟悉的运算操作。如果 p 和 q 的标量部分为零，那么它们便是纯向量，并且它们的乘积中包含点积和叉积：

$$pq = p_0q_0 - \boldsymbol{p} \cdot \boldsymbol{q} + p_0\boldsymbol{q} + q_0\boldsymbol{p} + \boldsymbol{p} \times \boldsymbol{q} \tag{3.61}$$

$$= -\boldsymbol{p} \cdot \boldsymbol{q} + \boldsymbol{p} \times \boldsymbol{q} \tag{3.62}$$

注意到除了求和运算中的单位元素 0 之外，每个四元素都存在一个逆元

$$q^{-1} = q^* / |q|^2 \tag{3.63}$$

使得四元数既构成一个线性代数（linear algebra），同时又构成一个域（field）。它是对复数概念的所有扩展中唯一满足既是线性代数又是域的一个扩展。

我们现在考虑使用四元数来表示空间旋转。给定某个旋转 $\mathrm{rot}(\theta, \hat{\boldsymbol{n}})$，定义对应的单位四元数为：

$$q = \cos\frac{\theta}{2} + \sin\frac{\theta}{2}\hat{\boldsymbol{n}} \tag{3.64}$$

现在令 x 表示一个纯向量，即，标量部分为零的一个四元数，

$$x = 0 + \boldsymbol{x} \tag{3.65}$$

同时令向量部分为某点的直角坐标。要旋转一个点，我们构建乘积 qxq^*，通过展开乘积并简化证明：

$$qxq^* = \left(\cos\frac{\theta}{2} + \sin\frac{\theta}{2}\hat{\boldsymbol{n}}\right)x\left(\cos\frac{\theta}{2} - \sin\frac{\theta}{2}\hat{\boldsymbol{n}}\right) \tag{3.66}$$

$$= \cos^2\frac{\theta}{2}\boldsymbol{x} + 2\cos\frac{\theta}{2}\sin\frac{\theta}{2}\hat{\boldsymbol{n}} \times \boldsymbol{x} + \sin^2\frac{\theta}{2}\hat{\boldsymbol{n}}\boldsymbol{x}\hat{\boldsymbol{n}}^* \tag{3.67}$$

现在我们代入半角公式:

$$\cos\theta = \cos^2\frac{\theta}{2} - \sin^2\frac{\theta}{2} \tag{3.68}$$

$$\sin\theta = 2\cos\frac{\theta}{2}\sin\frac{\theta}{2} \tag{3.69}$$

得到

$$qxq^* = \frac{1+\cos\theta}{2}\boldsymbol{x} + \sin\theta\hat{\boldsymbol{n}}\times\boldsymbol{x} + \frac{1-\cos\theta}{2}\hat{\boldsymbol{n}}x\hat{\boldsymbol{n}}^* \tag{3.70}$$

容易证明对于一个单位向量 $\hat{\boldsymbol{n}}$ 和一个向量 $\boldsymbol{n}$ 而言,我们有:

$$\hat{\boldsymbol{n}}x\hat{\boldsymbol{n}}^* = \boldsymbol{x} + 2\hat{\boldsymbol{n}}\times(\hat{\boldsymbol{n}}\times\boldsymbol{x}) \tag{3.71}$$

将其代入到上面的公式中并进行简化,我们得到了关于点旋转的罗德里格斯公式,这便证明了四元数的乘积可以对一个点进行旋转操作。

$$qxq^* = \boldsymbol{x} + \sin\theta\hat{\boldsymbol{n}}\times\boldsymbol{x} + (1-\cos\theta)\hat{\boldsymbol{n}}\times(\hat{\boldsymbol{n}}\times\boldsymbol{x}) \tag{3.72}$$

1. 四元数旋转的几何视角

尽管有上述的分析论证,单位四元数的表示似乎仍有点令人费解。人们似乎很自然地去使用更接近于复数类比的表达式。那更进一步想,为什么不使用如下形式的单位四元数?

$$p = \cos\theta + \hat{\boldsymbol{n}}\sin\theta \tag{3.73}$$

为什么不使用表达式

$$\boldsymbol{x}' = p\boldsymbol{x} \tag{3.74}$$

即使用单个四元数乘法操作来旋转向量呢?通过从几何角度对四元数的乘积进行审视,我们可以洞察到一些东西。令 p 表示标量部分为空的一个单位四元数,同时考虑左乘 p 的映射 $L_p(q)$,其定义为:

$$L_p(q) = pq \tag{3.75}$$

那么 $L_p(q)$ 是关于四元数的四维空间中的一个旋转。这是显而易见的,如果我们使用四元数乘积的定义将 L_p 表达为一个矩阵乘积:

$$L_p(q) = \begin{pmatrix} p_0 & -p_1 & -p_2 & -p_3 \\ p_1 & p_0 & -p_3 & p_2 \\ p_2 & p_3 & p_0 & -p_1 \\ p_3 & -p_2 & p_1 & p_0 \end{pmatrix}\begin{pmatrix} q_0 \\ q_1 \\ q_2 \\ q_3 \end{pmatrix} \tag{3.76}$$

53 那么，我们会注意到该矩阵是一个正交矩阵。

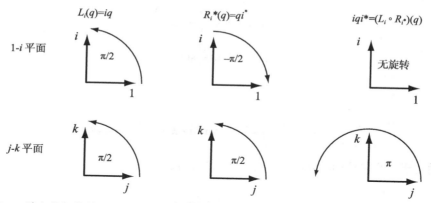

图 3-4 独立施加的单位四元数的左乘和右乘操作，图中将向量和标量子空间混合在一起。
但当将它们的共轭同时施加时，它们给出了向量子空间的一个旋转

虽然左乘是四维空间的一个旋转，它并不是对纯向量三维子空间的一个旋转。左乘将标量子空间和向量子空间混合起来。事实上，向左乘以一个纯单位向量 p 可被描述为两个旋转。第一个旋转是 $1-p$ 平面的一个角度为 $\pi/2$ 的旋转，它将标量子空间和向量子空间混合起来。第二个旋转是垂直于 1 和 p 平面的一个角度为 $\pi/2$ 的旋转，它只涉及向量子空间。通过将 p 设置为基础元素 i 做一些简化之后，我们有：

$$L_i(q)=iq \qquad (3.77)$$

那么根据四元数的定义，我们立即得到：

$$R_i(q)=\begin{cases}1\mapsto -i\\ i\mapsto 1\\ j\mapsto k\\ k\mapsto -j\end{cases} \qquad (3.78)$$

上式对应于 $1-i$ 平面的一个角度为 $\pi/2$ 的旋转，和 $j-k$ 平面的一个角度为 $\pi/2$ 的旋转，如图 3-4 所示。

类似的，我们定义 $R_p{}^*(q)$ 为通过右乘一个单位纯向量 p^* 而得到的映射。和前面一样，它是四维四元数空间的一个旋转，但它将 $1-p$ 平面往相反方向旋转，即，转过 $-\pi/2$
54 角度；同时它将垂直平面往相同方向旋转，即转过 $\pi/2$ 角度。让我们用 i^* 元素来说明：

$$R_{i*}(q)=\begin{cases}1\mapsto -i\\ i\mapsto 1\\ j\mapsto k\\ k\mapsto -j\end{cases} \qquad (3.79)$$

现在已经很明显了，通过把 $L_i(q)$ 和 $R_{i*}(q)$ 组合在一起，这将使得它们所引起 $1\text{--}i$ 平面的旋转相互抵消，同时将它们引起 $j\text{--}k$ 平面的旋转相叠加，最终形成了向量空间关于 i 且转角为 π 的一个旋转：

$$iqi^* = \left(L_i \circ R_{i*}\right)(q) \begin{cases} 1 \mapsto 1 \\ i \mapsto i \\ j \mapsto -j \\ k \mapsto -k \end{cases} \tag{3.80}$$

一般情况下，对于一个纯的单位向量 n 来讲，nxn^* 是向量空间关于 n 且转角为 π 的一个旋转，它对应于罗德里格斯构造式（3.71）中的 $\hat{n} \times (\hat{n} \times x)$ 项。采用类似的方式，我们可以对罗德里格斯公式中的其他项构造几何解释，最终获得我们早先对"四元数乘积 qxq^* 实现了一般的空间旋转"证明结果的一个几何解释。

2. 通过单位四元数表示旋转的叠加

旋转 q（表示为一个单位四元数）作用在某点 x（表示为一个向量）时的结果由下式给出：

$$qxq^* \tag{3.81}$$

经过第二个旋转 p 之后的结果如下：

$$p(qxq^*)p^* = (pq)x(pq)^* \tag{3.82}$$

3. 四元数与轴－角表示之间的变换

根据惯例，四元数表示为：

$$q = \cos\frac{\theta}{2} + \sin\frac{\theta}{2}\hat{n} \tag{3.83}$$

55

这给出了从轴－角表示到四元数表示的变换。从四元数表示到轴－角表示的变换如下：

$$\theta = 2\tan^{-1}(|q|, q_0) \tag{3.84}$$

$$\hat{n} = q / |q| \tag{3.85}$$

我们注意到，在 $\theta=0$ 的邻域内，关于转轴 $\hat{n}$ 的公式是病态的，但这是由零旋转转轴的根本不确定性而引起的一个结果。

4. 四元数与矩阵表示之间的变换

通过将乘积 qxq^* 展开，我们可以将一个单位四元数变换为等效的旋转矩阵：

$$qxq^* = \left(q_0^2 - q \cdot q\right)x + 2q_0 q \times x + 2qq \cdot x \tag{3.86}$$

$$= \left(\left(q_0^2 - q_1^2 - q_2^2 - q_3^2 \right) I + 2q_0 \begin{pmatrix} 0 & -q_3 & q_2 \\ q_3 & 0 & -q_1 \\ -q_2 & q_1 & 0 \end{pmatrix} + 2 \begin{pmatrix} q_1^2 & q_1 q_2 & q_1 q_3 \\ q_1 q_2 & q_2^2 & q_2 q_3 \\ q_1 q_3 & q_2 q_3 & q_2^3 \end{pmatrix} \right) x \quad （3.87）$$

将上式展开并化简之后，得到如下旋转矩阵：

$$\begin{pmatrix} q_0^2 + q_1^2 - q_2^2 - q_3^2 & 2 \left(q_1 q_2 + q_0 q_3 \right) & 2 \left(q_1 q_3 + q_0 q_2 \right) \\ 2 \left(q_1 q_2 + q_0 q_3 \right) & q_0^2 - q_1^2 + q_2^2 - q_3^2 & 2 \left(q_2 q_3 - q_0 q_1 \right) \\ 2 \left(q_1 q_3 - q_0 q_2 \right) & 2 \left(q_2 q_3 + q_0 q_1 \right) & q_0^2 - q_1^2 - q_2^2 + q_3^2 \end{pmatrix} \quad （3.88）$$

现在我们考虑如何把一个旋转矩阵（r_{ij}）变换为一个等效的单位四元数。首先，如果我们采取式（3.88）中矩阵的对角线元素的不同线性组合，我们得到：

$$q_0^2 = \frac{1}{4} \left(1 + r_{11} + r_{22} + r_{33} \right) \quad （3.89）$$

$$q_1^2 = \frac{1}{4} \left(1 + r_{11} - r_{22} - r_{33} \right) \quad （3.90）$$

$$q_2^2 = \frac{1}{4} \left(1 - r_{11} + r_{22} - r_{33} \right) \quad （3.91）$$

$$q_3^2 = \frac{1}{4} \left(1 - r_{11} - r_{22} + r_{33} \right) \quad （3.92）$$

56　此时我们可以取平方根，但这将产生如何正确选取正负号的问题。与之不同，我们返回到由更多公式组成的矩阵，对每对 r_{ij}、r_{ji} 求和并求差，得到：

$$q_0 q_1 = \frac{1}{4} \left(r_{32} - r_{23} \right) \quad （3.93）$$

$$q_0 q_2 = \frac{1}{4} \left(r_{13} - r_{31} \right) \quad （3.94）$$

$$q_0 q_3 = \frac{1}{4} \left(r_{21} - r_{12} \right) \quad （3.95）$$

$$q_1 q_2 = \frac{1}{4} \left(r_{12} + r_{21} \right) \quad （3.96）$$

$$q_1 q_3 = \frac{1}{4} \left(r_{13} + r_{31} \right) \quad （3.97）$$

$$q_2 q_3 = \frac{1}{4} \left(r_{23} + r_{32} \right) \quad （3.98）$$

为了获得四元数，使用前四个方程（式 3.89～式 3.92）来求解最大的 q_i^2。对于平方根而言，选择正负符号都行。现在，无论我们得到什么样的 q_i，剩余的 6 个公式中有 3 个涉及 q_i，这样便可求解四元数中的其他三个组成部分。

5. 单位四元数表示的性质

从根本上讲，四元数是表示旋转的正确途径之一。考虑由单位四元数表示的某旋转 $\text{rot}(\hat{\boldsymbol{n}},\theta)$：

$$\text{rot}(\hat{\boldsymbol{n}},\theta) \mapsto q = \cos(\theta/2) + \sin(\theta/2)\hat{\boldsymbol{n}} \qquad (3.99)$$

那么，在球面上连接 q 与空转元素 1 之间的最短路径，其弧长为 $\theta/2$。这意味着，单位四元数的球面度量对应于使用转角来测量空间旋转，这正是对空间旋转的正确度量。当然，对于任何旋转都存在两个可能的角度，θ 和 $2\pi-\theta$，它们分别对应于 q 与 $-q$ 这两个四元数。今后我们将假设使用较小的角度，这对应于在 q 与 $-q$ 中选择距离 1 最近的那个四元数。

四维欧氏空间 $\mathbf{E}^4$ 中的度量也可作为空间旋转的一个度量，虽然它并不给出角度。我们可以用四元数的长度 $|p-q|$ 来测量两个四元数之间的不同，其前提是：我们选择生成最小值的那个对极点。

由于球面度量对于四元数而言确实正确，所以其拓扑结构必然是正确的。单位四元数是长度被限制为单位长度的四元组。单位四元数给出了四维欧氏空间内的一个球面。因为 q 和 $-q$ 代表同一旋转，我们可以将球面上的对极点之间彼此确定，这将生成一个三维投影空间 $\mathbf{P}^3$。因此，空间旋转具有 $\mathbf{P}^3$ 拓扑机构。单位四元数为空间旋转给出了一个使用最少数字的光滑表示[⊖]。

另一个启示是：单位四元数非常适合于生成一组随机空间旋转序列的问题。如果我们在 $\mathbf{E}^4$ 空间中的单位球面上生成一个均匀分布，我们也获得关于旋转的一个均匀分布（怎样才能生成球面上的均匀分布？请参阅习题 3.16）。

四元数也可以实现很好的单位化。问题是，经过一些数值计算之后，（由于数值误差）我们可能得到一个不再位于球面上的四元数。为了单位化一个四元数，我们可以简单除以它的长度。

最后，在某些应用中，四元数具有非常好的计算效率（见习题 3.10）。

3.2 空间位移的表示

本节探讨用来表示空间位移的方法。最简单的一种表示方法是将位移分解成平移和旋转两部分（定理 2.2），然后用一个向量表示平移部分，再用前一小节中的任何一种方法来表示旋转部分。特别是如果我们使用旋转矩阵加向量的表示，我们将得到齐次坐标。但也有一些其他更具优势的方法，这取决于当前的问题。所以在关于齐次坐标的小

⊖ 关于此部分的详细讨论，参见原书作者电子教案第八讲内容。——译者注

节之后，将有一个关于使用旋量和旋量坐标的小节。

3.2.1 齐次坐标

回忆定理 2.2：一个位移可以被分解为一个旋转附加之后的一个平移。我们构造一个原点和坐标系，并用坐标向量来表示点。那么，我们可以用旋转矩阵来表示旋转，用向量加法来表示平移：

$$x' = Rx + d \tag{3.100}$$

其中 R 是旋转矩阵，d 是平移向量。这是相当简单的一个公式，但通过使用齐次坐标，可以使其变得更为简单。一个点的齐次坐标是通过附加一个数值始终为 1 的第四坐标而得到：

$$x = \begin{pmatrix} x_1 \\ x_2 \\ x_3 \\ 1 \end{pmatrix} \tag{3.101}$$

现在我们构建齐次坐标变换矩阵（homogeneous coordinate transform matrix）T：

$$T = \left(\begin{array}{c|c} R & d \\ \hline 000 & 1 \end{array} \right) \tag{3.102}$$

现在，一个点的变换可以被写成更为紧凑的形式：

$$x' = Tx \tag{3.103}$$

因此，齐次坐标变换矩阵 T 可以表示位移。矩阵 T 的前三列给出了位移的旋转部分，同时 T 的最后一列给出了其平移部分。

使用齐次坐标，可以非常方便地表示无限远点（扩展讨论参见附录）。令 w 表示一个点的第四坐标，并且采用 w 为比例系数这样一个约定惯例。现在，我们可将点表示为：

$$\begin{pmatrix} x_1 \\ x_2 \\ x_3 \\ w \end{pmatrix} \mapsto \begin{pmatrix} x_1 / w \\ x_2 / w \\ x_3 / w \end{pmatrix} \tag{3.104}$$

随着 w 趋近于零，点趋向于无限远。我们采用如下惯例：齐次坐标向量：

$$\begin{pmatrix} x_1 \\ x_2 \\ x_3 \\ 0 \end{pmatrix} \tag{3.105}$$

表示无限远的一点。或者，等价地，该向量表示一个方向：与向量 $(x_1, x_2, x_3)^T$ 相平行的所有直线的方向，这些线相交于无限远点。注意到无限远点构成了一个平面。看起来它们似乎构成了一个三维空间，但是，当齐次坐标缩放时，无限远点并不变化。

无限远点的齐次坐标表示为变换矩阵给出了一个绝好的分解。矩阵前三列的第四个元素均为零。这三列表示无限远点，并且它们的方向对应于三个坐标轴。矩阵的第四列（其第四个元素为 1）表示坐标系原点的位置。

齐次坐标的主要特征是：变换方程是齐次的（方程 3.103），而不仅仅只是线性的（方程 3.100）（此处的"线性"一词意味着图像是一条直线，而"齐次"则是指直线穿过原 59 点。更为现代的术语可能是称之为"线性坐标"，因为变换方程是线性的，而不只是仿射变换）。当要将连续发生的几个位移叠加时，使用齐次坐标的好处就会变得更加显而易见，组合变换可被写为：

$$T_6 T_5 T_4 T_3 T_2 T_1 \tag{3.106}$$

而非

$$R_6(R_5(R_4(\cdots) + d_4) + d_5) + d_6 \tag{3.107}$$

当然，由于我们知道空间位移构成一个群，我们可以不用齐次坐标，而使用更为简单的表达式。但这种机制（齐次坐标）很方便，它将位移分解为旋转和平移两种运算，并将代数与具体的数值运算相联系。

直接使用齐次坐标去做幼稚的数值运算很可能会没有效率。使用通用的矩阵乘法和矩阵来求逆是可行的，但通过考虑齐次坐标变换矩阵的特殊结构，可以得到更为有效的计算程序。对位移求逆只需对旋转矩阵进行转置，并对一点做变换：

$$\left(\begin{array}{c|c} \boldsymbol{R} & \boldsymbol{d} \\ \hline 000 & 1 \end{array}\right)^{-1} = \left(\begin{array}{c|c} \boldsymbol{R}^T & -\boldsymbol{R}^T \boldsymbol{d} \\ \hline 000 & 1 \end{array}\right) \tag{3.108}$$

两个位移的叠加也可使用下列更为有效的计算手段：

$$\left(\begin{array}{c|c} \boldsymbol{R}_2 & \boldsymbol{d}_2 \\ \hline 000 & 1 \end{array}\right)\left(\begin{array}{c|c} \boldsymbol{R}_1 & \boldsymbol{d}_1 \\ \hline 000 & 1 \end{array}\right) = \left(\begin{array}{c|c} \boldsymbol{R}_2 \boldsymbol{R}_1 & \boldsymbol{R}_2 \boldsymbol{d}_1 + \boldsymbol{d}_2 \\ \hline 000 & 1 \end{array}\right) \tag{3.109}$$

3.2.2 旋量坐标

我们在 2.4 节中已经介绍了旋量概念：它是空间中带有旋距的一条线。旋量坐标（screw coordinates）是用来表示旋量的一种方法。不过，我们首先必须探索一下普吕克坐标（Plücker coordinates），该坐标可用来描述空间中的线[⊖]。 60

⊖ 为何要使用线坐标的原因，参见原书作者电子教案第九讲内容。——译者注

1. 普吕克坐标

一条直线的方程可由下列参数化形式给出：

$$x(t) = p + tq \qquad (3.110)$$

其中 p 是直线上的任意一点，q 是表示直线方向的一个向量。令 q_0 由下式给出：

$$q_0 = p \times q \qquad (3.111)$$

那么，有序对 (q, q_0) 构成了这条直线的六个普吕克坐标，如图 3-5 所示。我们称 q 为方向向量（direction vector），q_0 为矩向量（moment vector）。

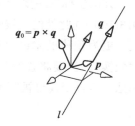

图 3-5　使用 Plücker 坐标来表示一条线

此时有个很明显的问题，为什么要使用叉积？为什么不直接使用的点和方向 (p,q)，更简单地说，为什么不直接使用两个点？我们很快将会看到，普吕克坐标能够简化很多与直线相关的计算。但是还有一个更基本的原因：普吕克坐标是对直线的一个近似规范的表示。空间中的一条直线可由四个数字来确定，这比确定刚体位形所需的六个数值少两个，这是因为沿某直线平移或者绕该直线旋转，会把该直线映射回它本身。所以在六个普吕克坐标中，有两个是冗余的。对这两个冗余参数，我们可以做如下考虑。第一，因为 $q_0 = p \times q$，任何一组普吕克坐标必须得满足方程：

$$q \cdot q_0 = 0 \qquad (3.112)$$

第二，我们可以对普吕克坐标进行缩放（乘以非零标量 k），而使直线保持不变：

$$(q, q_0) \equiv k\,(q, q_0) \qquad (3.113)$$

61 通过缩放 $1/|q|$ 倍的方式对普吕克坐标进行单位化有时会比较方便，但是我们将看到一些例子，其中没有单位化的普吕克坐标已满足要求[⊖]。

阅读理解普吕克坐标真的非常简单；存在下列三种情况。

一般情况：如图 3-6 所示，一般情况下坐标中的 q 和 q_0 均不等于零。方向向量 q 平行于直线，q_0 则垂直于包含原点和该直线的平面，$|q_0|/|q|$ 给出了从原点到直线的距离。

通过原点的直线 $(q,0)$：第二种情况出现在当直线穿过原点，如图 3-7 左图所示。这其实是一般情况的一个简单特例，此时 q_0 已经变为零。

⊖　通过式（3.112）和式（3.113）可知，普吕克坐标是另一种形式的齐次坐标。——译者注

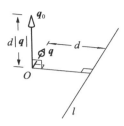

图 3-6　普吕克坐标的一般情形

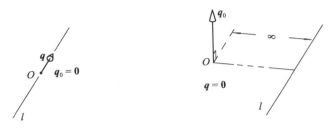

图 3-7　普吕克坐标的特殊情形：通过原点的直线和处于无限远处的直线

无限远处的直线 $(\mathbf{0}, \boldsymbol{q}_0)$：第三种情况更有趣，出现在当方向向量 $\boldsymbol{q}$ 变为零的时候。审视它的一种方式是写下一般情况下的普吕克坐标，然后使用矩（moment）向量的幅值大小 $|\boldsymbol{q}_0|$ 对其单位化：

$$\left(\frac{\boldsymbol{q}}{|\boldsymbol{q}_0|}, \frac{\boldsymbol{q}_0}{|\boldsymbol{q}_0|}\right) \tag{3.114}$$

62

现在考虑当直线趋向无限远时的极限过程。如果我们使用方向向量进行单位化，那么矩向量将会随距离直线的距离而成比例地增加。但是，因为我们使用矩向量进行单位化，方向向量将会随距离直线的距离而反比例地缩小，在极限处变为 $\mathbf{0}$。

对于无限远处的一条直线，看起来我们好像已经失去了一些重要信息，因为我们没有方向向量。但是当我们注意到，无限远处的直线其实是垂直于矩向量的所有平面集合的交点，显而易见矩向量确实是完全确定了该条直线。

$(\mathbf{0}, \mathbf{0})$ 这一普吕克坐标没有意义。

使用普吕克坐标，我们可以很容易地确定两条线之间的矩，以及两条直线之间的最短距离和它们之间的夹角。我们将以矩作为开始。假设给定两条直线 l_1 和 l_2，如图 3-8 所示。令 $\boldsymbol{p}_1$ 和 $\boldsymbol{p}_2$ 分别为 l_1 和 l_2 上的点，令 $\boldsymbol{q}_1$ 和 $\boldsymbol{q}_2$ 分别表示 l_1 和 l_2 的方向。那么，类比于力关于某点或某条直线的力矩，我们可以定义直线 l_2 关于点 $\boldsymbol{p}_1$ 的矩为：

$$(\boldsymbol{p}_2 - \boldsymbol{p}_1) \times \frac{\boldsymbol{q}_2}{|\boldsymbol{q}_2|} \tag{3.115}$$

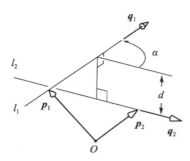

图 3-8　两条直线之间的矩的几何构造

我们可以定义直线 l_2 关于直线 l_1 的矩为：

$$\frac{\boldsymbol{q}_1}{|\boldsymbol{q}_1|} \cdot (\boldsymbol{p}_2 - \boldsymbol{p}_1) \times \frac{\boldsymbol{q}_2}{|\boldsymbol{q}_2|} \tag{3.116}$$

经过简化后得到如下表达式：

$$\frac{\boldsymbol{q}_1 \cdot \boldsymbol{q}_{02} + \boldsymbol{q}_2 \cdot \boldsymbol{q}_{01}}{|\boldsymbol{q}_1||\boldsymbol{q}_2|} \tag{3.117}^{\ominus}$$

63 注意到普吕克坐标给我们的其实是有向（directed）直线，而上述表达式给我们的则是带符号的矩[⊖]（signed moment），它与直线方向一致。公式（3.117）中的分子包含了我们以后将要不断遇到的一个运算：

定义 3.2：我们定义两组普吕克坐标的**虚积**（virtual product），也称为**对偶积**（reciprocal product），如下：

$$(\boldsymbol{p}, \boldsymbol{p}_0) * (\boldsymbol{q}, \boldsymbol{q}_0) = \boldsymbol{p} \cdot \boldsymbol{q}_0 + \boldsymbol{q} \cdot \boldsymbol{p}_0 \tag{3.118}$$

如果我们使用单位化的普吕克坐标，那么虚积将给出两条有向直线之间的符号矩。

如果 d 是 l_1 和 l_2 这两条直线之间的最短距离，$\alpha \in [0, \pi]$ 是直线 l_1 和 l_2 之间的夹角，那么 l_1 和 l_2 之间的矩由 $d \sin \alpha$ 给出。注意到：

$$|\boldsymbol{q}_2 \times \boldsymbol{q}_1| = |\boldsymbol{q}_1||\boldsymbol{q}_2|\sin\alpha \tag{3.119}$$

我们可以让两个关于矩的公式相等，得到：

$$d = \frac{|(\boldsymbol{q}_1, \boldsymbol{q}_{01}) * (\boldsymbol{q}_2, \boldsymbol{q}_{02})|}{|\boldsymbol{q}_2 \times \boldsymbol{q}_1|} \tag{3.120}$$

⊖ 式（3.117）的推导见原书作者电子教案第 9 讲。该公式的结果是对称的，即直线 l_2 关于直线 l_1 的矩 = 直线 l_1 关于直线 l_2 的矩。——译者注

⊖ 我们可简称其为符号矩。——译者注

注意到两条直线 l_1 和 l_2 相交，当且仅当：

$$(\boldsymbol{q}_1, \boldsymbol{q}_{01}) * (\boldsymbol{q}_2, \boldsymbol{q}_{02}) = 0 \qquad (3.121)$$

其中，平行线被认为是在无限远处相交。当两线平行时，两线之间的距离表达式将会无效。

实例

考虑在一个立方体（图 3-9）相邻面内的对角线。直线 l_1 的描述如下：

$$\boldsymbol{p}_1 = (1, 0, 0) \qquad (3.122)$$

$$\boldsymbol{q}_1 = (0, 1, 1) \qquad (3.123)$$

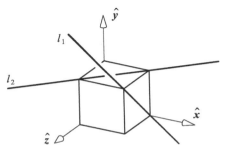

图 3-9　普吕克坐标的例子

直线 l_2 的描述如下：

$$\boldsymbol{p}_2 = (0, 1, 1) \qquad (3.124)$$

$$\boldsymbol{q}_2 = (-1, 0, 1) \qquad (3.125)$$

为了完成这两条直线的普吕克坐标，我们做下列计算：

$$\boldsymbol{q}_{01} = \boldsymbol{p}_1 \times \boldsymbol{q}_1 = (0, -1, 1) \qquad (3.126)$$

$$\boldsymbol{q}_{02} = \boldsymbol{p}_2 \times \boldsymbol{q}_2 = (1, -1, 1) \qquad (3.127)$$

所以两线之间的距离为：

$$d = \frac{|(\boldsymbol{q}_1, \boldsymbol{q}_{01}) * (\boldsymbol{q}_2, \boldsymbol{q}_{02})|}{|\boldsymbol{q}_2 \times \boldsymbol{q}_1|} = 1/\sqrt{3} \qquad (3.128)$$

而它们之间的夹角给出如下：

$$\alpha = \arcsin \frac{|\boldsymbol{q}_1 \times \boldsymbol{q}_2|}{|\boldsymbol{q}_1||\boldsymbol{q}_2|} = \arcsin \left(\frac{\sqrt{3}}{2} \right) = 60° \qquad (3.129)$$

2. 旋量坐标

回想一下：旋量是空间中带有旋距的一条线。我们如何为一个旋量分配坐标呢？我们可以通过使用直线（注：即旋量轴线）的 6 个普吕克坐标值、外加对应于旋距的第 7 个数字来表示旋量。但是请记住：普吕克坐标有冗余数字。我们可以使用这个冗余对旋距编码，而无需添加第 7 个数字。

考虑一个旋量，其轴线由普吕克坐标 (q, q_0) 给出，其旋距由标量 p 给出。如果旋距是有限的，我们定义旋量坐标为 (s, s_0)，其中：

$$s = q \tag{3.130}$$

$$s_0 = q_0 + pq \tag{3.131}$$

64
～
65

如果旋距是无限的，我们可以对其做明显的扩展，并定义旋量坐标为：

$$s = 0 \tag{3.132}$$

$$s_0 = q \tag{3.133}$$

将这个定义与在无限远处直线的普吕克坐标进行比较，一个具有无限旋距的旋量与一个轴线处于无限远的旋量看似无法区分，但旋距对于轴线处于无限远的旋量没有意义。

对于具有有限旋距和有限远轴线的旋量，由于两个普吕克向量是正交的（$q \cdot q_0 = 0$），通过取两个旋量坐标向量的点积，我们可以从中恢复旋距 p，如下所示：

$$s \cdot s_0 = q \cdot q_0 + pq \cdot q \tag{3.134}$$

$$p = \frac{s \cdot s_0}{s \cdot s} \tag{3.135}$$

获得旋量轴线的方向也很简单——它就是 s。最后，旋量轴线上距离原点最近的点给出如下：

$$r = \frac{s \times s_0}{s \cdot s} \tag{3.136}$$

3. 运动旋量的旋量坐标

回想 Chasles 定理（定理 2.7）：任何一个空间位移都是关于某个旋量的运动旋量——平移和旋转，它们之间的比率由旋距确定。令 θ 表示旋转角度，令 d 为旋量的旋距。那么运动旋量便是围绕轴线 l 且角度为 θ 的一个旋转，同时外加一个沿轴线 l 的距离为 d 的平移。旋距 p 为平移与旋转之间的比率，并且它有长度量纲。有限的旋距对应于 d / θ。

要表示一个位移，我们需要包括运动旋量的幅值大小。幸运的是，我们仍有一个多余参数可以使用。对于一般的旋量（有限远轴线，有限旋距），我们单位化旋量坐标然后缩放 θ 倍得到：

$$\left(\theta\frac{\boldsymbol{s}}{|\boldsymbol{s}|},\theta\frac{\boldsymbol{s}_0}{|\boldsymbol{s}|}\right) \tag{3.137}$$

将其代入到旋量坐标中，我们得到：

$$\left(\theta\frac{\boldsymbol{s}}{|\boldsymbol{s}|},\theta\frac{\boldsymbol{s}_0}{|\boldsymbol{s}|}\right)=\frac{1}{|\boldsymbol{q}|}(\theta\boldsymbol{q},\theta\boldsymbol{q}_0+\theta p\boldsymbol{q}) \tag{3.138}$$

$$=\frac{1}{|\boldsymbol{q}|}(\theta\boldsymbol{q},\theta\boldsymbol{q}_0+d\boldsymbol{q}) \tag{3.139}$$

66

对一个具有无限旋距的运动旋量，例如平移，这个定义可以自然延伸到：

$$(\boldsymbol{s},\boldsymbol{s}_0)=\frac{1}{|\boldsymbol{q}|}(\boldsymbol{0},d\boldsymbol{q}) \tag{3.140}$$

正如旋量坐标定义中所指的那样，一个具有无限旋距的旋量（平移）与一个具有无限远轴线的旋量（围绕无限远处轴线的一个旋转）是无法区分的。同时也注意到平移轴线的矩部分无法恢复。旋量坐标给予我们的是轴线的方向，而不是它的位置。这很好地反映了空间位移的性质。由于平移将所有点沿平行线移动，所以这些平行线中的任何一条都可作为旋量轴线。

　　另外一种特殊情况也应予以考虑。一个零旋距（zero pitch）旋量对应于纯旋转的运动旋量，此时旋量坐标与普吕克坐标完全相同：

$$(\boldsymbol{s},\boldsymbol{s}_0)=(\boldsymbol{q},\boldsymbol{q}_0) \tag{3.141}$$

4. 速度旋量的旋量坐标

　　速度旋量（differential twist）[⊖] 的旋量坐标是特别有用的。事实证明，它们也广为人知——它们与速度向量和角速度向量的使用完全相同。考虑图 3-10 中的例子，假设旋量的轴线为 l，其关于 l 的角速度为 ω，沿 l 的平移速度为 $\boldsymbol{v}$。令 $\boldsymbol{p}$ 为 l 上的任意一点。角速度向量 ω 给出了 l 的方向，因此 l 的普吕克坐标为：

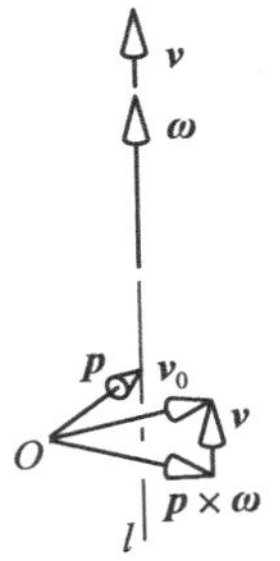

图 3-10　速度旋量的旋量坐标

$$(\boldsymbol{q},\boldsymbol{q}_0)=(\boldsymbol{\omega},\boldsymbol{p}\times\boldsymbol{\omega}) \tag{3.142}$$

67

旋量的旋距为 $|\boldsymbol{v}|/|\boldsymbol{\omega}|$，因此旋量坐标为：

⊖ 字面翻译为：微分运动旋量。——译者注

$$(s, s_0) = \left(\boldsymbol{\omega}, \boldsymbol{p} \times \boldsymbol{\omega} + \frac{|\boldsymbol{v}|}{|\boldsymbol{\omega}|} \boldsymbol{\omega} \right) \tag{3.143}$$

由于速度平行于角速度，$(|\boldsymbol{v}|/|\boldsymbol{\omega}|)\,\boldsymbol{\omega}$ 即为 $\boldsymbol{v}$，得到如下旋量坐标：

$$(s, s_0) = (\boldsymbol{\omega}, \boldsymbol{p} \times \boldsymbol{\omega} + \boldsymbol{v}) \tag{3.144}$$

第二个向量 s_0 即为全局固定坐标系原点处一点的速度 $\boldsymbol{v}_0$ 的一个表达式：

$$(s, s_0) = (\boldsymbol{\omega}, \boldsymbol{v}_0) \tag{3.145}$$

所以对于速度旋量使用旋量坐标与物理学导论教材中的标准做法是相接近的。这个观察结果有一个重要的推论："速度旋量的旋量坐标构成了一个向量空间"。我们可以对速度旋量坐标求和，也可将它们与标量相乘。

3.3 运动学约束

本节将对在运动学约束的一阶模型中使用旋量坐标进行推导。我们还将在第 5 章中继续这一话题，研究多面体凸锥和各种相关构造。

在前面的章节中，我们学习了使用简单的图形化方法（Reuleaux 方法）来分析平面系统的运动学约束。旋量坐标给出了一个与 Reuleaux 方法相类似但适用于三维情形的方法[⊖]。

我们关于运动学约束的一阶模型为：

$$\hat{\boldsymbol{u}} \cdot \boldsymbol{v}_p = 0 \tag{3.146}$$

其中 $\hat{\boldsymbol{u}}$ 是空间中的某方向向量（接触法向向量），p 是被约束物体上的某点，而 $\boldsymbol{v}_p$ 是点 p 的运动微分（即速度）。这是一个双边约束，单边约束将会被表示为一个不等式的形式。

现在，假设所述物体的速度旋量由旋量坐标 $(\boldsymbol{\omega}, \boldsymbol{v}_0)$ 给出，它们与物体的角速度，以及处于全局固定坐标系原点处的一点速度相同。那么，点 p 的速度由下式给出：

$$\boldsymbol{v}_p = \boldsymbol{v}_0 + \boldsymbol{\omega} \times \boldsymbol{p} \tag{3.147}$$

68 所以，运动学约束可被写为

$$\hat{\boldsymbol{u}} \cdot (\boldsymbol{v}_0 + \boldsymbol{\omega} \times \boldsymbol{p}) = 0 \tag{3.148}$$

⊖ 本节内容参加原书作者电子教案第 10 讲。Reuleaux 图形化方法十分适合人工使用，但它并不适用于计算机，而且该方法无法拓展到更高维度。——译者注

经过一些重新整理之后，得到如下方程：

$$\hat{u}\cdot v_0 + (p\times\hat{u})\cdot\omega = 0 \qquad (3.149)$$

这个方程很快就会让人想起定义在普吕克坐标之上的对偶积操作。因此，我们可以定义一个接触旋量（contact screw）来描述接触法线：

$$(c,c_0) = (\hat{u}, p\times\hat{u}) \qquad (3.150)$$

并将运动学约束写为：

$$(c,c_0)*(\omega,v_0) \qquad (3.151)$$

其中 * 是扩展到旋量坐标上的对偶积（或虚拟积）：

$$(s,s_0)*(t,t_0) = s\cdot t_0 + s_0\cdot t \qquad (3.152)$$

注意到接触旋量 $(\hat{u}, p\times\hat{u})$ 是一个零旋距旋量，因此它是接触法线的普吕克坐标。

定义 3.3：如果一对旋量的对偶积分别为零、正值或负值，那么它们是**对偶的**（reciprocal）、**相反的**（contrary）或者**互斥的**（repelling）[⊖]。

因此，一个双边的运动学约束要求速度旋量与接触法线之间是对偶的。一个单边约束则要求速度旋量与接触法线之间是对偶的或者是互斥的。

接触旋量永远是一个零旋距旋量。如果我们将物体运动旋量限制为一个纯旋转，那么它也可以由一个零旋距旋量来表示。在这种情况下，只有当两轴之间的矩消失时对偶积才会消失，即，只有当旋转轴线与接触法线相交时，两个旋量才是对偶的。这正是在用于分析平面约束的 Reuleaux 图解法之下所掩藏的观测结果。

例 1

假设我们将六个手指放置在一个立方体上。这些手指被分成两组（每组三个），分别处于对角线的两个相反的角落，如图 3-11 所示。虽然这些都是单边约束，我们将考虑更为简单的双边问题。这六个接触旋量为：

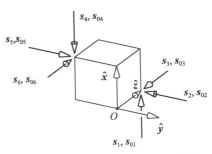

图 3-11　例 1 的构建，其中使用旋量坐标来分析单边约束

$$(s_1, s_{01}) = (1,0,0,0,1,0) \qquad (3.153)$$

$$(s_2, s_{02}) = (0,-1,0,1,0,0) \qquad (3.154)$$

[⊖]　在中文翻译里，对偶旋量有时也称互易旋量、反螺旋或逆螺旋。——译者注

$$(s_3, s_{03}) = (0,0,-1,0,0,0) \tag{3.155}$$

$$(s_4, s_{04}) = (-1,0,0,0,0,-1) \tag{3.156}$$

$$(s_5, s_{05}) = (0,1,0,0,0,1) \tag{3.157}$$

$$(s_6, s_{06}) = (0,0,1,-1,-1,0) \tag{3.158}$$

令（t,t_0）为一个与运动学约束相一致的速度旋量。那么它与每个接触旋量对偶积必须为零：

$$
\begin{aligned}
t_4 && +t_{12} &= 0 \\
-t_5 && +t_1 &= 0 \\
-t_6 && &= 0 \\
-t_4 && -t_3 &= 0 \\
t_5 && +t_3 &= 0 \\
t_6 & -t_1 & -t_2 &= 0
\end{aligned}
\tag{3.159}
$$

该问题的解具有如下形式：

$$(t,t_0) = k(1,-1,-1,1,1,0) \tag{3.160}$$

其中，k 为任意标量。这个速度旋量的旋距为零，所以我们再次得到一般形式的普吕克坐标。读者很容易验证这是一套关于立方体对角线的微分旋转（即角速度）。

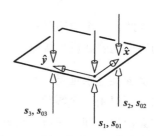

图 3-12　例 2 的构造，其中使用旋量坐标来分析双边约束

例 2

如何使用旋量坐标来表示平面运动呢？我们可以通过构建一组合适的空间约束来得到这个问题的答案。我们将选择与 $\hat{z}$ 轴平行的三个双边约束（如图 3-12），这些约束的旋量坐标为：

$$(s_1,s_{01}) = (0,0,1,0,0,0) \tag{3.161}$$

$$(s_2,s_{02}) = (0,0,1,0,-1,0) \tag{3.162}$$

$$(s_3,s_{03}) = (0,0,1,1,0,0) \tag{3.163}$$

令运动旋量给出如下：

$$(t,t_0) = (t_1 t_2, t_3, t_4, t_5, t_6) \tag{3.164}$$

这个运动旋量必须与（s_1,s_{01}）相对偶：

$$t_6 = 0 \tag{3.165}$$

该运动旋量必须与 (s_2, s_{02}) 相对偶：

$$t_6 - t_2 = 0 \qquad (3.166)$$

该运动旋量必须与 (s_3, s_{03}) 相对偶：

$$t_6 + t_1 = 0 \qquad (3.167)$$

因此，运动旋量必须具有如下形式：

$$(\boldsymbol{t}, \boldsymbol{t_0}) = (0, 0, t_3, t_4, t_5, 0) \qquad (3.168)$$

69 ~ 71

上式将旋量坐标限制于平面运动。这是一个零旋距的旋量，对应于一个纯旋转。运动旋量的前三个坐标给出了旋转轴线的方向——它平行于 $\hat{z}$ 轴。我们可以使用公式（3.136）来得到其在 $\hat{x} - \hat{y}$ 平面内的旋转中心：

$$\frac{\boldsymbol{t} \times \boldsymbol{t_0}}{\boldsymbol{t} \cdot \boldsymbol{t}} = \left(-t_5 t_3, t_4 t_3, 0\right)/t_3^2 \qquad (3.169)$$

作为一个特殊情况，当 $t_3 = 0$ 时，我们得到一个纯的平移速度 $(t_4, t_5, 0)$。

3.4 文献注释

本章的很多内容出自（Korn 和 Korn, 1968）。（Salamin, 1979）对四元数有非常好的介绍。（Altmann, 1989）中提供了关于四元数的一些有趣的历史记录。关于欧拉角的一些资料改编自（Crenshaw, 1994）。关于旋量坐标的材料源自（Roth, 1984）和（Ohwovoriole, 1980）。习题 3.8 出自对 Kane 和 Levinson 的论文的阅读理解（1978）。指数积（matrix exponential）提供了另一种方式来表示旋转和位移，并且给人一些额外的启发。对该方法较好的介绍，参照（Murray 等人，1994）。

习题

3.1：我们需要为四维空间中的一个刚体分配多少个自由度？提示：齐次坐标在任意维度的空间中都可适用。

3.2：证明齐次变换矩阵的逆矩阵表达式（3.108），证明两个齐次变换矩阵叠加组合之后的表达式（3.109）。

3.3：当相对于移动坐标、而非固定坐标描写矩阵的表达式时，矩阵叠加顺序应该从左到右，而非从右到左。例如，如果我们先绕 $\hat{x}$ 轴旋转 30°，然后绕变换后的 $\hat{y}$ 轴旋转 90°，叠加后的复合变换由下式给出

$$p' = \mathrm{rot}(\hat{\boldsymbol{y}}', 90)\,\mathrm{rot}(\hat{\boldsymbol{x}}, 30)\,\boldsymbol{p} \qquad (3.170)$$

但是，同样的旋转可被写为：

$$p' = \mathrm{rot}(\hat{\boldsymbol{x}}, 30)\,\mathrm{rot}(\hat{\boldsymbol{y}}, 90)\,\boldsymbol{p} \qquad (3.171)$$

即，使用变换后的坐标（也称当前坐标系），按照从左到右的顺序叠加，而非从右到左的顺序。通常这比较容易，但这里请证明这种方法可行。

72

3.4：习题 3.3 的一个推论是：在固定坐标系内进行的一组旋转序列，其（正向）叠加结果与同一组旋转序列在变换后的坐标系（即当前坐标系）内的反向叠加结果相同。抽象看来这似乎令人难以置信，但是当将其具体化之后则变得明显。建造一个平衡环架机构（gimbal mechanism）[⊖]，并在其上尝试一些旋转序列。

3.5：对于欧拉角，证明其存在 24 种不同的可能惯例。

3.6：重复 3.1 节中的分析，使用 ZYX 欧拉角：三个数字将代表关于 $\hat{\boldsymbol{z}}$、$\hat{\boldsymbol{y}}'$、$\hat{\boldsymbol{x}}''$ 的连续旋转。

3.7：在欧拉角的定义中，连续旋转是围绕正交轴进行的。这种限制是否是必须的？

3.8：当使用万向坐标（其定义见下文）来描述空间旋转时，会产生一个有趣的悖论。假设我们有某个平衡环架（也称万向支架）——它是通过转动关节相连的四个连杆。当该机构处于"复位"位置（home position）时，三个关节的转轴分别沿 $\hat{\boldsymbol{z}}$、$\hat{\boldsymbol{y}}$、$\hat{\boldsymbol{z}}$ 轴。因为这些关节是连续布置的，第一关节的运动将会影响到第二关节轴和第三关节轴的位置，并且第二关节的运动会影响到第三关节轴的位置。该装置是 ZYZ 欧拉角的一个物理实现，它将各关节角度连锁映射到最后一个连杆的姿态角上。我们将把这三个关节角度称为万向坐标（gimbal coordinates）

$$\boldsymbol{g} = (g_1, g_2, g_3)$$

现在令 A 和 B 表示最后一个连杆的任意两个姿态角，同时令 $\boldsymbol{g}_A$ 和 $\boldsymbol{g}_B$ 为对应的万向坐标。现在，对于从 A 到 B 的一个旋转，我们将分配角度 $\boldsymbol{g}_{AB} = \boldsymbol{g}_B - \boldsymbol{g}_A$。令 O 表示复位位置，其万向坐标表示为（0,0,0），此时有 $\boldsymbol{g}_{OA} = \boldsymbol{g}_A$。实际上，我们用万向坐标的差来表示空间旋转。但是现在考虑 $\boldsymbol{g}_{OA}$ 和 $\boldsymbol{g}_{AB}$ 这两个连续旋转。它们可以按照任何顺序进行，这是因为每个关节只是将数字加起来。无论采用哪种顺序，最后一个连杆的最终结果仍然为 B，并且组合旋转为 $\boldsymbol{g}_{OB}$。显然，这种方法构成了对空间旋转的一个服从交换律的表示，尽管我们知道旋转顺序是不可交换的。解释这个悖论（我会声称：对于空间旋转而言，万向坐标并不是一个很好的表示方法。因

⊖ "平衡环架"有时也称"万向支架"或"万向架"，它常用于机械式陀螺仪。该机构为彼此垂直的枢纽轴组成的一组三只环架，使得放置在最内环架上物体的姿态或旋转轴不变。——译者注

此，本题中的解答将能填补这一主张中的细节。）。

73

3.9：泡利自旋（Pauli spin）矩阵为：

$$S_1 = \begin{pmatrix} 0 & 1 \\ 1 & 0 \end{pmatrix} \tag{3.172}$$

$$S_2 = \begin{pmatrix} 0 & -i \\ i & 0 \end{pmatrix} \tag{3.173}$$

$$S_3 = \begin{pmatrix} 1 & 0 \\ 0 & -1 \end{pmatrix} \tag{3.174}$$

其中 $i = \sqrt{-1}$。证明四元数可按如下方式建立：使用 2×2 的单位矩阵 I_2，以及 $-iS_1$、$-iS_2$、$-iS_3$ 这三个矩阵，作为向量基中的四个元素。

（泡利自旋矩阵与 Cayley-Klein 参数密切相关。上述构造将四元数 (q_0, q_1, q_2, q_3) 映射到矩阵

$$\begin{pmatrix} q_0 - iq_3 & -q_2 - iq_1 \\ q_2 - iq_1 & q_0 + iq_3 \end{pmatrix} \tag{3.175}$$

Cayley-Klein 参数是矩阵的四个组成部分。）

3.10：比较旋转矩阵与单位四元数的计算效率。对于每一种方法，确定旋转一个点以及叠加两个旋转所需的存储要求，确定所需的浮点加法和乘法运算数。

3.11：建立与下列旋转相对应的四元数：零旋转和关于各坐标轴转动 π 和 $\pi/2$ 的旋转。

3.12：证明单位四元数 q 和 $-q$ 将给出相同的旋转。

3.13：对于如下矩阵所描述的旋转，求解转轴和转角，单位四元数和欧拉角。

$$\begin{pmatrix} -2/3 & -2/3 & 1/3 \\ 2/3 & -1/3 & 2/3 \\ -1/3 & 2/3 & 2/3 \end{pmatrix}$$

74

3.14：对于如下矩阵所描述的旋转，求解转轴和转角，单位四元数和欧拉角。

$$\begin{pmatrix} -2/3 & 2/15 & 11/15 \\ 2/3 & -1/3 & 2/3 \\ 1/3 & 14/15 & 2/15 \end{pmatrix}$$

3.15：给定 $p_0 + p_1 i + p_2 j + p_3 k$ 和 $q_0 + q_1 i + q_2 j + q_3 k$ 这两个四元数，求解乘积 $r = pq$ 中各部

分的表达式。例如：$r_0 = p_0 q_0 - p_1 q_1 - p_2 q_2 - p_3 q_3$。

3.16：对于这个问题，你将要做一个实验来回答以下问题：$\mathbf{E}^3$ 中所有旋转的平均角度是多少？

　　　1）写代码来生成均匀分布的单位四元数。

　　　2）写代码生成与给定的一个四元数相对应的最小的转角，角度范围从 0 到 π。

　　　3）写代码来生成大量的均匀分布的单位四元数，求解平均角度。

如何在 $\mathbf{E}^4$ 空间中的一个球面上生成一个均匀分布？一个简单方法是在 [−1,1] 这个区间内均匀地生成四个实数。这定义了立方体上的一个均匀分布。如果我们丢弃所有幅值大于 1 的四元组，我们将得到球体内部的一个均匀分布。单位化以获得球面上的一个均匀分布。

3.17：写出图 2-19b 中的三个接触约束的旋量坐标。通过合理选择原点、缩放比例以及坐标轴，你可以使问题简化。

3.18：考虑一个八面体，其顶点分别为（0,0,1）、（0,0,−1）、（0,1,0）、（0,−1,0）、（1,0,0）和（−1,0,0）。挑选两条既不相交也不平行的边，求解每条边的普吕克坐标。使用对偶积和叉积来求解这两条边之间的距离和夹角，参考式（3.128）和式（3.129）所在的例子。

运动学操作

本章目的在于将运动学在操作问题中的应用讲清楚。首先，我们学习路径规划——即确定一个机械臂的无碰撞运动。其次，我们将简要介绍非完整系统（nonholonomic system）的规划。第三，我们了解手中操作[⊖]（manipulation in the hand）——通过协调的手指运动来操作已抓取的物体。

4.1　路径规划

当我们在考虑被称为抓取 – 放置（pick and place，简称抓放）这一类型的操作时，路径规划在该类型操作中所起的作用最为明显。为了使事情尽量简化，我们假设有一组大小相同的物块，每个物块都处在一个已知的起始位置。我们假设程序 nextblock() 会返回一个数据结构，该数据结构用来描述我们接下来将要移动的物块。程序 stark(block) 返回物块的初始位置，而程序 goal(block) 则返回物块的目标位置。抓取 – 放置操作可由下列代码来描述：

```
FOR block = nextblock()
    MOVETO start(block)          // 拾取物块
    CLOSE
    MOVETO goal(block)           // 放置物块
    OPEN
```

对于这种类型的操作，我们有下列几个假设：

- CLOSE 这一命令通过闭合机器人手爪，将物体刚性地连接到手爪（也称末端执行器）。
- OPEN 这一命令通过开启机器人手爪，将物体与手爪分离。
- 没有被连接（到手爪上）的物体将保持不动。
- 机器人可以准确地跟踪规划好的路径。

在实践中这些假设之所以能够成立的原因在于，大量工程师和程序员拼命地工作来实现这些目标。其中的一些问题如下：

- 抓取规划（grasp planning）。设计手爪，并选择那些能够对每个物体实现稳定抓

⊖　手中操作通常也称为灵巧操作（dexterous manipulation）。——译者注

取的手爪执行器和手指运动。

- 稳定放置（stable placement）。确保每个物体在被释放之后将能够保持稳定。
- 柔性运动（compliant motion）。由于感测和控制中的误差不可避免，在放置物体时将会涉及一系列的碰撞和柔性运动，整个过程中必须保证不能损坏任何东西。

76
~
77

如果我们只是把物块从一个孤立的位置移动到另一个位置，中间保证不翻倒它们，那么上述所有问题都很简单。对于其他任务，这些问题都具有相当的挑战性。

我们将主要坚持简单直白的假设，同时忽略抓取规划、稳定性和柔性等问题。即使对于这种范围非常狭窄的抓取－放置类型的操作，在上述所有假设之下，我们仍旧没有涉及该操作中一块很大的问题：路径规划。我们如何保证 MOVETO 这一命令（即"移动到"命令）可以从起始位置运动到目标位置，且不与场景中的其他物块发生碰撞？这一问题对抓取－放置操作以及更广泛的一般性操作而言都是个核心问题。

4.1.1 实际中的抓取和放置

在讨论路径规划问题之前，让我们先探索一下抓取－放置这个概念在制造业实践中的应用。首先，考虑我们在第 1 章中介绍过的索尼 SMART-Cell（智能加工单元）系统。它说明了工业操作中普遍存在的一些元素：

- 所有夹具均被设计用来抓取特定物体。
- 零件供料器被设计用来定向零件，并把它们带到已知的"起始"位置。
- 产品在设计时考虑到要简化其组装过程——大多数的组装操作都是简单地竖直向下运动。
- 大部分的路径规划都很简单：DEPROACH（远离）命令将机器人手臂抬升到一个安全高度，MOVETO（移动到）命令将手臂移动到目标位置上方的一点处，APPROACH（接近）命令使机器人手臂向下运动到目标位置。

因此，许多工业组装操作确实与抓取－放置操作相类似。但除这个一般性情况之外，也存在很多例外。例如，在索尼的系统中，机器人会移动一些放置好的部件，而无需抓取它们，为放置下一个部件做好准备。该机器人还采用了一系列缜密的运动将驱动带安装在几个转轮上。

对于工业操作，其中需要观察的主要点也许是：它们并没有消除抓取规划、运动规划、装配规划等问题。相反，这些规划问题已被当作离线问题而进行了处理。例如，零件供料系统无法假设物体处于已知的初始位置。它必须使用各种机械方面的技巧，有时通过传感器进行辅助，从而将物体移动到"初始"位置。类似地，装配规划问题从"什么样的运动能够正确组装两个给定部件？"被转换为其对偶问题，即面向装配的设计问题："什么样的部件设计可以通过垂直运动而正确组装？"。这两个问题背后的基本原则是相同的，特别是：装配的力学原理是这两个问题的根本。因此，后面的章节将详细解决装配的力学原理问题。但对于眼下，我们返回到路径规划问题。

78

4.1.2 位形空间变换

在路径规划中的第一个重要概念是位形空间变换。回想一下，位形空间（configuration space）是由给定系统的位形 q 组成的空间。例如，如果系统是一个平面刚体，其位形空间将是 SE(2)。现在给定某固定障碍物，其形状和位置已知，我们可将其位形空间中的各点做如下划分：如果发生碰撞则为障碍点（collide），否则为自由点。由所有被标记为障碍点的位形组成的集合称为位形空间障碍（configuration space obstacle）或者 C 空间障碍（C-space obstacle）。

现在系统的任何运动都对应于其位形空间中的一条曲线 $q(t)$，所以求解一个无碰撞的运动意味着寻找一条可以避开 C 空间障碍的曲线 $q(t)$。因此，我们说位形空间变换将运动规划问题简化为如下问题：在位形空间中为单个点寻找一条路径。

我们使用一些实例来说明这个概念，然后处理路径规划问题。

例 1：平面中的点

如果"机器人"是单个移动点，其位形空间变换就微不足道。一个点的位形不过是该点自身的位置，而 C 空间障碍与原始障碍物有着相同的形状。图 4-1 展示了一个具有多边形障碍物的简单例子，该图还展示了一个简单的规划方法：能见度图（visibility graph）。给定障碍物的形状和位置，机器人的初始位姿 q_{init} 和最终位姿 q_{goal}。能见度图中的顶点包括了所有障碍物的顶点外加 q_{init} 和 q_{goal}。现在对于每对顶点，我们把连接它们的线段作为能见图的一条边，当且仅当该条线段不会引发碰撞。从 q_{init} 到 q_{goal} 的最短的无碰撞路径可以通过对能见度图进行搜索而求得。

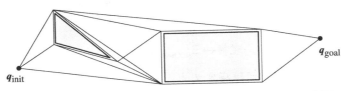

图 4-1　一个单点式机器人在多边形障碍物环境中的能见度图

79

例 2：平面中的圆形移动机器人

对于圆柱形移动机器人，我们可以将其建模为处于一组多边形障碍物中间的一个圆盘，其半径为 r，如图 4-2 所示。为了避免发生碰撞，圆盘中心距任何障碍物的距离都不能小于 r。通过将每个障碍物向外扩展 r 距离，我们把这个问题变换为单点式机器人的情形。

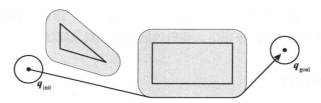

图 4-2　一个圆形平面机器人的位形空间变换

这个例子说明了位形空间变换：通过使用位形空间的概念构想，我们可以把相对复杂的一个问题变换为简单的移动点问题，这种做法非常普遍。对于圆盘形移动机器人，这种构想很明显：与其考虑圆盘的运动，我们只考虑圆盘中心的运动。接下来的两个例子说明了这一思路的延伸。

例 3：平面中的平移多边形

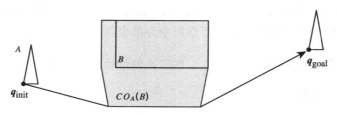

图 4-3　一个在平面内平移的三角形的位形空间变换

这里，我们将位形空间变换应用于一种更为有趣的情形：一个平移的多边形，如图 4-3 所示。我们使用固定在三角形上的一个参考点的位置 $q=(x,y)$ 来表示多边形的平移。变换后的障碍物对应于那些将会引发碰撞的 (x,y) 取值。

通过使用向量方法容易构建变换后的障碍物。我们将一个凸多边形障碍物 B 表示为 B 中所有点相对于某固定原点的向量集合。令 A 为移动凸多边形，它表示为 A 中所有点相对于某参考点位置 q 的向量集合。现在，如果 q 取某些值时 A 和 B 发生重叠，那么它们必然包含一些共同点：

$$碰撞 \leftrightarrow \exists_{a \in A, b \in B} \ a + q = b$$

相对于 A，障碍物 B 的位形空间障碍定义为：

$$CO_A(B) = \left\{ q \mid \exists_{a \in A, b \in B} \ a + q = b \right\} \tag{4.1}$$

$$= \left\{ b - a \mid a \in A, b \in B \right\} \tag{4.2}$$

$$= B \ominus A \tag{4.3}$$

其中 "$\ominus$" 有时也被称为闵可夫斯基差（Minkowski difference）。当机器人 A 和障碍物 B 均为凸形障碍时，我们可以从 A 和 B 的顶点开始、然后取凸包来构造 $CO_A(B)$。（一组点的凸包是包含所有这些点的最小凸集。在平面中，该凸包的可视化图像类似于使用一条拉紧的橡皮带来包覆所有点。在三维空间中，该凸包的可视化图像类似于使用纸来紧紧包覆所有点）。换言之：

$$CO_A(B) = \mathrm{conv}(\mathrm{vert}(B) \ominus \mathrm{vert}(A)) \quad\quad (4.4)$$

上述公式提供了一种非常简单的构造技术。

例4：平面中的平移和旋转

对于上例中的三角形，如果我们允许它也可转动，那么其位形空间是三维的，如图4-4所示。我们将三角形的位形编码为 $q=(x, y, \theta)$，其中 (x, y) 为参考点的坐标，θ 为三角形的方位角。上例中的简单技术无法适用于旋转。通过对三角形方位角做 5° 间隔的采样，然后使用例3中的纯平移情形所使用的方法，我们便可构建图4-4中的位形空间。

80 ~ 81

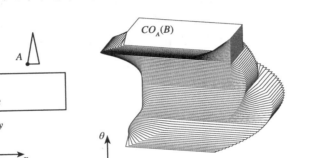

图 4-4　一个平移加转动的三角形所对应的位形空间变换

例5：双连杆平面机械臂

给定一个带有两个转动关节的机构，对它而言一个最自然的位形编码是使用它的两个关节角度，即 $q=(\theta_1, \theta_2)$。该位形空间的拓扑机构是一个环面（torus），但在图4-5中我们将它平摊开来。通过对 θ_2 进行离散采样，我们可以近似地得到 C 空间障碍。

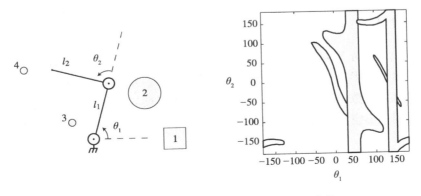

图 4-5　一个平面双连杆机械臂的位形空间变换

4.1.3 路径规划——离散 C 空间内的启发式搜索

对于简单的二维位形空间，我们可以搜索如图 4-1 中的能见度图来寻找路径，虽然这种方法存在一些缺点。例如，在一些应用中，沿路径运动时如此接近障碍物是不明智的。在更高维空间中，能见度图将无法工作，此时必须使用其他方法。在本节中，我们简要介绍由 Barraquand 和 Latombe 提出的 BFP(Best First Planner，最佳优先规划) 方法。

该方法使用定义在位形空间上的一个势场（potential field）。对于系统的每个位形，势能为下列两项之和：与目标之间的距离、靠近障碍物时的惩罚。对于特别简单的情形，我们可以通过简单地让系统在势场中向下滚到目标便可执行路径规划，但这种方法并不适用于一般情形——系统可能被困在局部最小值。

BFP 方法将势场作为启发来引导搜索，而非简单地跟随势场引导前进。我们在位形空间上布置规则的网格，然后从 q_{init} 开始执行最佳优先搜索（best-first search）。在每一步的搜索中，我们检测可行的最优节点，即具有最低势能的节点。如果该节点是目标点，那么我们就完成了规划任务。如果该节点不是目标点，那么我们将所有的相邻节点都添加到未来需要考虑的列表中。

```
procedure BFP                              //BFP 程序
    open ← {q_init}                        // 将起始点 q_init 加入优先级队列 open
    mark q_init visited                    // 将 q_init 标记为已访问
    while open ≠ {}                        // 当优先级队列 open 非空时
        q ← best( open )                   // 搜索 open 队列中的最优点，记为 q
        if q = q_goal return( success )    // 如果最优节点 q 等于目标点 q_goal，返回成功信号
        for n ∈ neighbors( q )             // 对于 q 的所有邻点进行循环，n 为其中一员
            if n unvisited and not a collision // 如果 n 没有被访问且不会发生碰撞
                insert( n, open )          // 将 n 插入到队列 open 中
                mark n visited             // 将 n 标记为已访问
    return( failure )                      // 返回失败信号
```

主数据结构是一个优先级队列 open，它能有效地找出给定节点中的最优节点，即势能最低的节点。在这些代码里，并没有展示出用于记录搜索是如何达到目标、从而返回期望路径的簿记。

82
~
83

注意，最佳优先规划算法 BFP 实际上并不计算任何位形空间障碍物。它只需要检验确认一个给定位形是否会引发碰撞，并计算其势能。势场中包括一个针对靠近障碍物这种情形的惩罚函数，可通过计算系统中的几个代表点与障碍物的接近程度来近似该函数。我们使用位形空间概念，同时避免了以显式形式来构建自由位形空间表示时的严峻挑战。

一个简单的例子如图 4-6 所示。如果我们幸运的话，搜索在势场中顺利进行直至达到目标。如果我们先碰到一个局部最小值，那么在继续之前，搜索算法必须访问势阱中

的所有节点。

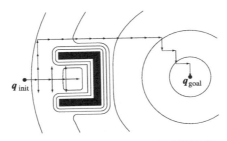

图 4-6　使用一个势场函数来引导搜索

一个警告：没有任何一个规划算法能够很好地解决所有问题。本章选择 BFP，是因为它能说明原理，并且它已被证明能解决一些问题。但是，当把它应用到一个新问题时，你应该做好准备：去适应它，或者放弃它而选取一些替代方法。

4.2　非完整系统的路径规划

通过使用正确的位形空间，前一节中的位形空间变换可被用于任何完整系统，至少从原则上讲是这样的。即使是对于受约束的完整系统，通过在其位形空间叶状结构的叶片上变换，同样可以解决系统的路径规划问题。

对于非完整系统而言，我们的路径规划工作有些困难。我们需要从一组通常会违反约束的动作集合中选取满足速度约束的那些动作。本小节讨论此类系统的路径规划。主要例子是 2.5 节中介绍的独轮车。在后面的 7.3 节，我们也会把相关技术应用到与推动相关的问题中。

84

从理论上讲，可以使用一个奇妙的小技巧来避免非完整系统中的复杂症状。首先，计算该系统的对合闭包。它定义了一个完整系统，使得我们可以使用，例如前一小节中的最佳优先规划，来规划出一条路径。现在生成的路径将不符合约束。但在假设约束是 Pfaffian 型的前提下，使用李括号运动可以使我们的机器人大致跟随该路径。因此，例如，我们可以把汽车当作一个自由飞翔的机器人为其规划一条路径，然后使用大量的微小平趴（即平行趴车）动作来近似这条路径。

显然，我们需要一个更为实际的方法。在这里我们采用一种本质上与 BFP 相类似的方法，它也是由 Barraquand 和 Latombe 开发的。该方法属于正向推理最佳优先搜索，但是我们使用动作的离散化空间来生成用于搜索的图形。随着我们的搜索，我们修剪掉那些会引发碰撞的节点，我们同时修剪掉那些临近先前已生成节点的节点。这可以通过下列方式来完成：在位形空间中保持一个网格，并对我们生成的每个位形标记与其最为接近的网格节点。我们将该过程称为非完整系统规划（NonHolonomic Planner，NHP）。参

数 δt 为大小适当的某个小的时间增量。子程序 grid(q) 返回与 q 距离最近的节点。参数 actions 是一个有限动作集合。子程序 int($q,a,\delta t$) 将从 q 处位形开始、在 δt 的时间内使用动作 a 对系统做前向积分，并返回得到的位形结果。

```
procedure NHP                        //NHP 程序
    open ← {q_init}                   // 将起始点 q_init 加入优先级队列 open
    mark grid( q_init ) visited       // 将 q_init 标记为已访问
    while open ≠ {}                    // 当优先级队列 open 非空时
        q ← best( open )              // 搜索 open 队列中的最优节点, 记为 q
        if q ≈ q_goal return( success ) // 如果最优节点 q 等于目标点 q_goat, 返回成功信号
        for a ∈ actions               // 对所有 actions 进行循环, a 为其中一员
            n ← int( q, a, δt )       // 使用子程序 int(q,a,δt) 得到 n
            if n not a collision and grid( n ) not visited // 如果 n 不会引发碰撞, grid(n)
                                                            // 没被访问
                insert( n, open )     // 将 n 插入到队列 open 中
                mark grid( n ) visited // 将 grid(n) 标记为已访问
    return( failure )                 // 返回失败信号
```

我们仍有几个开放选项。我们必须选择离散集动作，从而让我们不会对系统的可能运动过度地进行限制。然而，我们必须保持使用较少的操作数目，这是因为程序的运行时间会随动作次数的增加而呈现出指数级增长的关系。在独轮车的例子中，可能动作包括正向滚动、反向滚动、左转和右转这些动作。这便排除了滚动和转弯同时发生这一动作，这种情况似乎可以接受或不被接受。另一个开放选项是选择用于确定最佳节点的代价函数（也称成本函数）。我们可能选择这样一个成本函数：令该函数对应于到该节点最佳路径的长度，同时还包括一个针对每次动作改变作出惩罚的函数。对于独轮车，这样的选择会趋向于给出短而平滑的路径，同时避免给出那些在滚动和转弯之间频繁切换的路径。请允许我重复上一小节中的警告：还没有任何一种规划方法可以很好地解决所有问题。我在这里之所以选择 NHP，是因为该方法能说明原理，并且已被证明可用于解决一些问题。但是，当把它应用到一个新问题中时，你应该做好准备：去适应该方法，或者放弃它而选取一些替代方法。

4.3 接触的运动学模型

在机器人操作中反复出现的一个主题是：如何对手指和物体之间的接触进行建模。在某些情况下，我们可以采用一个非常简单的运动学方法——把接触当作运动连杆中的一个关节来建模。例如，如果我们将点型手指（尖手指）接触当作球关节来建模，那么图 4-7 中的抓取模型将会是由九个回转关节和三个球关节组成的一个空间连杆机构。只要手指不打滑或者不完全脱离接触，我们可以使用运动机构中的工具，特别是 Grübler 公式进行任务分析。

对于手指与物体接触时形成的关节，其本质是什么？这取决于手指和物体的形状、

刚度以及摩擦特性。通常情况下，手指和任务之间的相互作用相当复杂；但对于某些简单情况，我们可以使用 Salisbury 开发的分类列表来进行建模，如图 4-8 所示。

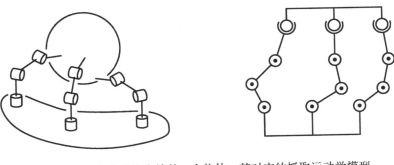

图 4-7　由三个尖手指夹持的一个物体，其对应的抓取运动学模型   86

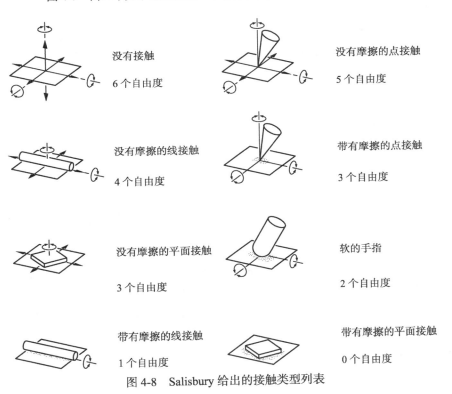

没有接触
6 个自由度

没有摩擦的点接触
5 个自由度

没有摩擦的线接触
4 个自由度

带有摩擦的点接触
3 个自由度

没有摩擦的平面接触
3 个自由度

软的手指
2 个自由度

带有摩擦的线接触
1 个自由度

带有摩擦的平面接触
0 个自由度

图 4-8　Salisbury 给出的接触类型列表

抓取的数目综合

　　机构设计通常分为三个阶段：数目综合（number synthesis），它意味着对机构的自由度和约束进行计数；类型综合（type synthesis），它意味着对关节处的可行运动类型进行选择；以及维度综合（dimensional synthesis），它意味着为连杆机构选择合适的维度。

　　遵循文献（Salisbury，1982，1985)中的方法，我们可以用 Grübler 公式来解决抓取中的数目综合问题。考虑图 4-7 中所示的抓取，如果我们按照"摩擦点接触"类型对手　87

指接触进行建模，那么对于三根手指接触中的任何一个，我们都会有 3 个自由度。我们有 9 个手指关节，每个关节的自由度数为 1。该模型中存在两个环；因此根据 Grübler 公式，该模型的可动度为 6。虽然这一结果看起来有希望，但整个系统的可动度这一指标并没有真正告诉我们所需要知道的全部内容。Salisbury 推荐了四个度量指标：

M—— 整个系统的可动度，其中各手指关节自由可动。

M'—— 整个系统的可动度，其中各手指关节被锁紧。

C—— 相对于固定手掌的连通度，其中各手指关节自由可动。

C'—— 相对于固定手掌的连通度，其中各手指关节被锁紧。

然后，我们选择满足条件 $C=6$ 和 $C' \leqslant 0$ 的一个设计。当手指关节自由可动时，我们希望连通度的数目为 6，从而使物体可以做一般的空间运动。当手指关节被锁定时，我们希望连通度为零，从而使手可以牢牢抓紧物体。图 4-7 中的例子满足这些标准，其中 $C=6$ 且 $C'=0$。

4.4 文献注释

路径规划的主要参考文献是 Latombe 的经典书籍（1991）。位形空间变换源自（Lozano-Pérez 和 Wesley，1979）。势场则是由（Khatib，1980，1986）引入。最佳优先规划出自（Barraquand 和 Latombe，1991）。非完整系统规划出自（Barraquand 和 Latombe，1993）。将非线性几何控制理论应用于非完整的机器人系统最初源自（Li 和 Canny，1990）一书。

对于抓取的运动学模型以及数目综合出自 Salisbury 的博士论文 (1982，1985)。自 Salisbury 的开创性工作之后，人们对手中操作（通常称为"灵巧操作"）的兴趣大大增加。对手指与物体之间滚动接触的分析出自（Montana，1988），它构成了手指运动规划的工作基础。此方面的介绍可以参见 Murray、Li 和 Sastry 等人合著的书籍（1994）；调研综述参见（Okamura、Smaby 和 Cutkosky，2000）。人们在对接触的建模方面也有很多进展，此方面的调研综述参见（Bicchi 和 Kumar，2000）。

习题

4.1：如图 4-9 所示，假设 A 是一个单位边长的正方形移动机器人，它可以在平面内平移但无法旋转。假设 B 是一个单位边长的等边三角形障碍物。使用式（4.4）中推荐的简单程序来构建 $CO_A(B)$：

- 绘出障碍物 B 的顶点。

- 选择 A 上的一个参考点 q，并通过 q 对每个顶点进行反射来构建 $\ominus A$。
- 绘出 $B \ominus A$ 的顶点：对于 B 的每个顶点，绘出 $\ominus A$ 的一个拷贝，其中 q 与那个顶点重叠。
- 构建凸包。

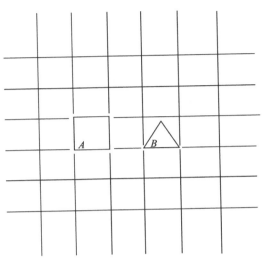

图 4-9   习题 4.1 的配图

4.2：使用与习题 4.1 相同的程序，来构建图 4-10 中的 C 空间障碍。机器人是一个具有单位边长的等边三角形，它可以在平面内平移但是无法旋转。

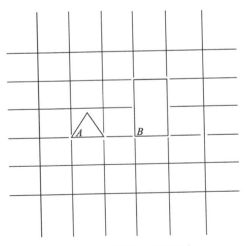

图 4-10   习题 4.2 的配图

4.3：我们可以按如下方式对习题 4.1 中的程序进行调整，以便将其应用于凹多边形障碍物：我们将凹形物体划分为多个凸多边形。对于每个凸多边形构成的子障碍物，我们构造其对应的 C 空间障碍。它们的并集给出了总的 C 空间障碍。使用此方法来构建图 4-11 中的 C 空间障碍。这里的机器人是一个具有单位边长的等边三角形，它可以在平面内平移但是无法旋转。

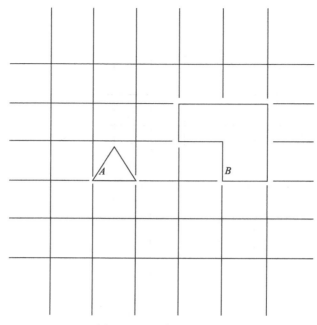

图 4-11   习题 4.3 的配图

4.4：考虑图 4-4 中的 C 空间障碍。其中的每个表面对应于一个顶点 – 边有序对或一个边 – 顶点有序对。即，或者是 A 的一个顶点和 B 的一条边，或者是 A 的一条边和 B 的一个顶点。选择图中 C 空间障碍上可见的一个顶点 – 边类型的表面，确定它在 A 和 B 上的对应特征。对一个边 – 顶点类型的表面进行同样的操作。

4.5：在图 4-5 中的 C 空间障碍上标记对应的实际障碍数字。

4.6：图 4-5 中的自由空间内有多少个连通域？记住这个 C 空间的真实拓扑结构其实是一个圆环，它可通过粘合顶端边缘和底端边缘，同时粘合左侧边缘至右侧边缘而获得。

4.7：虽然最佳优先规划 BFP 可以从势阱逃逸，但仍无法生成最优路径。设计一个路径规划问题使得 BFP 生成一个无比荒谬的漫长路径。

4.8：你会如何将非完整系统规划 NHP 应用于习题 2.4 中的冰箱行走问题？你会选择什么样的有限动作集合？什么样的 δt 取值？什么样的位形空间网格分辨率？什么样的成本函数？

4.9：实施 NHP 规划，并尝试将其用于冰箱行走问题。

4.10：对于 Salisbury 的每个准则，设计一个不符合该标准的空间抓取，即，使得 $C<6$ 或 $C'>0$。

4.11：使用"摩擦点接触"类型的接触，来计算图 4-7 中抓取所对应的 C 和 C'。

4.12：使用"软手指"类型的接触，来计算图 4-7 中抓取所对应的 C 和 C'。

4.13：对于平面抓取，建立与图 4-8 相类似的接触类型分类。

4.14：设计符合 Salisbury 准则的平面手爪和平面抓取，以实现连通度 $C=3$ 和 $C'\leqslant 0$。给出一个不符合 $C=3$（第一个准则）的设计。给出一个不符合 $C'\leqslant 0$（第二个准则）的设计。在每一种情况下，不要忘了说明你所假设的接触模型。

89
∼
92

刚体静力学

静力学是对力的研究——如何表征一个力，如何表征一组力，力在结构中是如何分布的。本章介绍作用于刚体上的力的基本性质，从而开发对力系进行表征和分析的方法。

5.1 刚体上的作用力

本小节讨论如何来表征施加在刚体上的作用力这一问题。首先，我们将采用适合于作用在质点上的静态力的那些公理。我们假设：

1）作用在质点上的一个力可以被描述为一个向量。

2）一个粒子的运动可以由施加在该质点上的力的向量和来确定。

3）特别是只有当作用在一个质点上合力为零时，该质点才能保持静止。

现在我们定义关于一条直线的力矩（moment of force 或 torque）。令 l 表示某条通过原点且方向向量为 $\hat{l}$ 的直线。假设一个力 f 作用在 x 处，那么 f 关于 l 的力矩定义如下：

$$n_l = \hat{l} \cdot (x \times f) \qquad (5.1)$$

我们还可以定义关于点 O 的力矩如下：

$$n_O = (x - O) \times f \qquad (5.2)$$

如果 O 为原点，上式退化为：

$$n = x \times f \qquad (5.3)$$

如果 n 给出了关于原点的力矩，n_l 给出了关于一条通过原点的直线 l 的力矩，那么注意到有：

$$n_l = \hat{l} \cdot n \qquad (5.4)$$

现在假设我们有一个刚体。作用在刚体上的力可分为两大类：内力（internal force），它是指物体内部的质点之间相互作用的那些力；外力（external force），它是指由外部施加到物体上的那些力。我们定义作用在物体上的合力（total force）F 为所有外力之和；

合力矩（total moment）N 为所有关于原点的对应力矩之和：

$$F = \sum f_i \qquad (5.5)$$

$$N = \sum x_i \times f_i \qquad (5.6)$$

这是根据牛顿定律得出的一个结果：对于作用在单个刚体上的任何力系，其效果完全由合力 F 和合力矩 N 确定（这一点将会在第 8 章中有更为详细的考虑）。如果任何两个力系的合力 F 和合力矩 N 都相同，则它们被称为是等效的。如果存在某个单力，它与上述 F 和 N 具有相同的效果，那么该单力被称为合成力（也称合成，resultant）。 | 93 |

1. 作用线

当一个力作用在三维空间中的一个质点上时，该力可由一个三维向量来完全表征。

但是，当一个力作用在刚体上时，我们必须考虑该力的作用点。考虑作用在点 x 上的一个力 F，此时合力 F 即为所施加的外力：$F=f$。但是合力矩 N 却取决于作用点：$N=x \times f$。然而，如果该力沿其所在的直线——该力的作用线移动时，合力矩 N 不会发生变化。换言之，如图 5-1 所示，如果 $(x_2-x_1) \parallel f$，那么该力到底作用在 x_1 还是 x_2 并不重要。由于 f 能够沿一条直线自由变化，有时它被称为线向量（line vector）。当有必要对向量进行区分时，被单个点束缚的向量有时候称为束缚向量（bound vector），而普通的向量则称为自由向量（free vector）$^{\ominus}$。

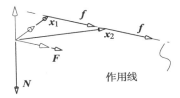

图 5-1 一个力可被施加于其作用线上的任意一点，而不改变其在刚体上的作用效果

2. 作用线相交的两力合成

假设施加在某个刚体上的两个力 f_1 和 f_2，它们的作用线分别沿 L_1 和 L_2。如图 5-2 所示，如果这两个力的作用线相交，那么容易构建出它们的合成——与原系统中两个力等效的单个力。我们可将 f_1 和 f_2 分别沿它们的作用线移动直至达到交点处。现在这两个力施加在同一点上，合成力为向量之和 f_1+f_2，它作用在两力交点处。

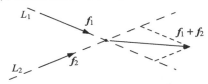

图 5-2 作用线相交的两力合成

3. 变换参考系

假设某个力系相对于点 Q 的合力和合力矩分别为 F_Q 和 N_Q。对于一个不同的参考点 R 来讲，合力 F_R 和合力矩 N_R 分别是多少？我们可以写出相对于各参考点的合力和合力矩表达式如下：

$\ominus$ 严格来讲，束缚向量可被一点或一条线束缚，被一点束缚的向量称为点向量（point vector），而被一条线束缚的向量则称为线向量。——译者注

$$F_R = \sum f_i \tag{5.7}$$

$$F_Q = \sum f_i \tag{5.8}$$

$$N_R = \sum (x_i - R) \times f_i \tag{5.9}$$

$$N_Q = \sum (x_i - Q) \times f_i \tag{5.10}$$

从上述公式可以得到：

$$F_R = F_Q \tag{5.11}$$

和

$$N_R - N_Q = \sum (Q - R) \times f_i \tag{5.12}$$

这将给出：

$$N_R = N_Q + (Q - R) \times F \tag{5.13}$$

定义 5.1：一个力偶（couple）是合力 $F = \sum f_i$ 为零的一个力系。注意到一个力偶的力矩 N 与参考点的选取无关。

对于任意一个力偶，非常容易构造仅由两个力组成的一个等效力系，这或许可以解释其名字的由来[⊖]。但是，不存在只有单个力的等效系统；即，力矩非零的一个力偶不存在合力。这意味着并非每个力系都可以通过合成力来表征。

4. 等效力系

在上一节中我们看到，我们可以通过合力和合力矩来表征一个力系，至少就其在刚体上的效果而言这种方法是可行的。我们还看到，合成力并不是用于表征力系的一个通用方法；这是因为在有些系统中，例如力偶，并不存在合成力。我们有其他更为通用的力系表征方法。特别是，我们接下来将要定义的力旋量（wrench），它类似于用来表征刚体运动的运动旋量（twist）。在继续下文之前，我们首先必须做一些准备工作[⊖]。

定理 5.1：对于任何参考基点 Q，任何力系都等效于通过 Q 的单个力外加一个力偶。

证明：设 F 表示合力，N_Q 为关于点 Q 的合力矩。如果我们将单个力 F 施加到 Q 上，同时构建一个力矩为 N_Q 的力偶，那么合力与合力矩将分别为 F 和 N_Q，正好满足要求。∎

定理 5.2：每个力系都等效于仅由两个力组成的一个力系。

⊖ 力偶的英文名字为 couple，本意为一对。——译者注

⊖ 我们将要证明"每个力系都等效于一个力旋量"，这与我们在运动学中得到的"每个空间位移都等效于一个运动旋量"这一结论相类似。——译者注

证明： 前面已经提到：任何一个力偶都存在由两个力组成的一个等效力系，力偶还可以刚性移动而不影响其力或力矩。因此，采取图 5-3 中的构造，在构建力偶时只用两个力。我们现在有三个力：其中两个力用于构建力偶，另外一个力则通过 Q 点。移动力偶使得力偶中的一个力通过 Q。然后，将 Q 点处的两个力用它们的向量和来替代。因此，力的数目从三个缩减到了两个。 ∎

定理 5.3： 对于由单个非零力与同一平面内的一个力偶（即垂直于该力的一个力矩向量）组成的一个系统，它有一个合成力。

证明： 令 F 表示作用在点 P 的力。令 N 来表示力偶的力矩。如图 5-4 所示，构建一个等效力偶并将其平移，使得 $-F$ 作用于点 P。这将抵消掉原始的 F，留下一个合成力。 ∎

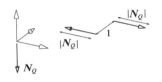

图 5-3　构建定理 5.2 的证明

图 5-4　构建定理 5.3 的证明

定理 5.4（Poinsot 定理）：*每个力系都等效于单个力外加一个力偶，其中力偶的力矩方向与该单力平行。*

证明： 令 F 和 N 分别为一个给定力系的合力和合力矩。将力矩分解为两部分：平行于 F 的 $N_\parallel$，垂直于 F 的 $N_\perp$。根据定理 5.3，我们可以用平行于 F 的单个力 F' 来代替 F 和 $N_\perp$。现在我们构建一个力矩为 $N_\parallel$ 的力偶来得到所需结果：一个力以及力矩平行于该力的一个力偶。 ∎

Poinsot 定理（定理 5.4）类似于 Chasles 定理（定理 2.7）。并且就像 Chasles 定理一样，我们可以使用旋量语言来描述 Poinsot 定理。首先，我们定义力旋量（wrench）。

定义 5.2： *一个力旋量（wrench）是一个旋量加一个标量幅值，它给出了沿螺旋轴线的一个力以及围绕该螺旋轴线的一个力矩。力的幅值即为力旋量的幅值，而力矩则是运动旋量的幅值乘以旋距。因此，力旋量的旋距是力矩与力之间的比率。*

使用旋量语言，Poinsot 定理可简洁地陈述为：每个刚体力系都可简化为沿某个旋量的一个力旋量。

我们还可以对旋量坐标进行扩展以包含力旋量。令 f 表示沿直线 l 作用力的幅值大小，同时令 n 表示关于 l 的力矩的幅值大小。力旋量的幅值便是力 f 的大小。从基于普吕克坐标的旋量坐标的定义出发，我们可以将力旋量的旋量坐标写为：

$$w=fq \qquad (5.14)$$

$$w_0=fq_0+fpq \qquad (5.15)$$

其中，(q, q_0) 是力旋量轴线 l 的单位化普吕克坐标，p 是旋距，其定义为：

96
~
97

$$p=n/f \qquad (5.16)$$

令 r 为力旋量轴线上的某个点，所以我们得到：

$$q_0=r\times q \qquad (5.17)$$

然后将式（5.16）和式（5.17）代入到式（5.14）和式（5.15）中，我们可以写出下列公式：

$$w=f \qquad (5.18)$$

$$w_0=r\times f+n \qquad (5.19)$$

通过与式（5.13）对比，我们有：

$$w=f \qquad (5.20)$$

$$w_0=n_0 \qquad (5.21)$$

其中，n_0 只不过是原点处的力矩。因此我们发现：一个力旋量的旋量坐标实际上是一个众所周知的表示 (f, n_0)。这将生成一个向量空间，使我们能够对力旋量进行缩放或者求和，就像我们对速度旋量做的那样。对于 x-y 平面内的一个力旋量，f_z、n_{0x} 和 n_{0y} 这几项均为零，所以平面力旋量可被写为 $(f_x, f_y, 0, 0, 0, n_{0z})$，或者更简单的形式 (f_x, f_y, n)。

速度旋量和力旋量之间的对偶积是有意义的，也是有用的。使用旋量坐标：

$$(\omega, v_0)*(f, n_0)=f\cdot v_0+n_0\cdot\omega \qquad (5.22)$$

上式是力旋量 (f, n_0) 与速度旋量 (ω, v_0) 所产生的功率。因此，我们可以立即观察到：速度旋量与力旋量之间对偶，当且仅当它们所产生的功率为零。在 3.3 节中，通过使用速度旋量和约束旋量的对偶积，我们推导出了运动学约束的一阶分析。在 5.3 节中，我们将换用速度旋量和力旋量的对偶积，但是得到的结果是相同的。

毫无疑问，读者已经观察到：力旋量坐标中的一些约定惯例，与运动旋量坐标中的惯例看似相反。特别是：旋距 $p=n/f$ 中的分子是角度分量，分母是线性分量；而 (f, n_0) 旋量坐标中则是线性分量处于角度分量之前。这两者都与运动旋量坐标中的惯例相反。这不是我们所使用约定的特点；它反映了一个更深刻的、关于运动和力之间对偶关系的

98

基本事实。例如，在比较 Chasles 定理和 Poinsot 定理时，我们发现，旋转轴线类似于力的作用线。让我们总结一下运动和力之间的几个对比点：

运动	力
一个零旋距的运动旋量是一个纯转动	一个零旋距的力旋量是一个纯力
对于一个纯平移，其轴线方向是确定的，但位置并不确定	对于一个纯力矩，其轴线方向是确定的，但位置并不确定
一个微分平移等效于关于无限远轴线的一个旋转	一个力矩等效于沿无限远直线的一个力
在平面中，任何运动都可被描述为关于某点（可能位于无限远处）的一个旋转	在平面中，任何力系都可简化为单个力，可能位于无限远处

5.2　多面体凸锥

当描述用来表征刚体接触的力旋量和运动旋量的时候，多面体凸锥（Polyhedral Convex Cone，PCC）会自然地出现[⊖]。本节将推导 n 维向量空间 $\mathbf{R}^n$ 中锥体的基本属性，其结果可应用于力旋量空间或速度旋量空间。

令 v 表示 $\mathbf{R}^n$ 中的任意一个非零向量，那么向量集：

$$\{kv|k \geqslant 0\} \tag{5.23}$$

描述了 $\mathbf{R}^n$ 中的一条射线，如图 5-5a 所示。类似地，如果 v_1 和 v_2 是 $\mathbf{R}^n$ 中两个非零且不平行的向量，那么向量集：

$$\{k_1v_1+k_2v_2|k_1,k_2 \geqslant 0\} \tag{5.24}$$

描述了一个平面锥，如图 5-5c 所示。通过定义一组向量 $\{v_i\}$ 的正线性生成空间（positive linear span），我们可以将其推广到任意数量的向量：

$$\mathrm{pos}(\{v_i\}) = \left\{\sum k_iv_i \mid k_i \geqslant 0\right\} \tag{5.25}$$

我们将空集的正线性生成空间定为原点。将正线性生成空间与两个相关的构造对比：线性生成空间（linear span）：

$$\mathrm{lin}(\{v_i\}) = \left\{\sum k_iv_i \mid k_i \in \mathbf{R}\right\} \tag{5.26}$$

99

和凸包（convex hull）：

$$\mathrm{conv}(\{v_i\}) = \left\{\sum k_iv_i \mid k_i \geqslant 0, \sum k_i = 1\right\} \tag{5.27}$$

通过取正线性生成空间，可以构造射线、直线、半平面等，如图 5-5 所示。以这种方式构建的任何向量集是一个多面体凸锥。其中让人特别感兴趣的一种情形是正线性生成空间覆盖了整个空间：$\mathrm{pos}(\{v_i\})=\mathbf{R}^n$。下面，我们不加证明地给出两个定理。

⊖　当无摩擦接触作用于刚体上时，对应的力旋量集合为 PCC。即使在加入摩擦后，力旋量集合仍为 PCC。——译者注

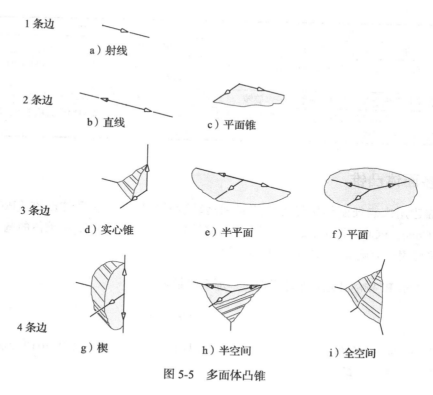

图 5-5　多面体凸锥

定理 5.5：一组向量 $\{v_i\}$ 的正线性生成空间可覆盖整个空间 $\mathbf{R}^n$，当且仅当原点处于凸包的内部：

$$\text{pos}\big(\{v_i\}\big) = \mathbf{R}^n \leftrightarrow \mathbf{0} \in \text{int}\big(\text{conv}\big(\{v_i\}\big)\big) \tag{5.28}$$

定理 5.6：至少需要 $n+1$ 个向量才有可能使其线性生成空间覆盖 $\mathbf{R}^n$。

因此，在 $\mathbf{R}^3$ 中至少需要 4 个向量才能使其正线性生成空间覆盖整个空间，这点从对图 5-5 的研究中可以很明显看出。

锥的表示、互补锥

可用两种方式来表示一个多面体凸锥：通过它的边来描述或通过它的面来描述。当要用边来表示一个锥体时，我们已经有了相关的运算符：正线性生成空间。给定一组边 $\{e_i\}$，其对应的锥体由 $\text{pos}(\{e_i\})$ 给出。

当要用一组面来表示一个锥体时，我们首先用它的内指向法线向量 n 来表示一个平面半空间。由向量 n 来确定的正半空间可定义如下：

$$\text{half}(n) = \{v \mid n \cdot v \geqslant 0\} \tag{5.29}$$

（在这里我们使用点积，但是涉及运动旋量和力旋量时，我们将使用对偶积。）

然后，我们可以将一个多面体凸锥表示为多个半空间的交集：

$$\bigcap\{\operatorname{half}(\boldsymbol{n}_i)\} \tag{5.30}$$

最后还有一个令人感兴趣的定义。假设给定一个锥体的面法线，但我们把它们当作边来处理，并取它们的正线性生成空间。或者，假设我们给定锥体的边，并将它们当作法线。那么，我们将得到一个不同的锥体，称为互补锥（supplementary cone），如图 5-6 所示。

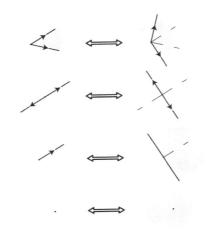

图 5-6　互补锥

定义 5.3：给定一个多面体凸锥 V：

$$V = \operatorname{pos}(\{\boldsymbol{e}_i\}) = \bigcap\{\operatorname{half}(\boldsymbol{n}_i)\} \tag{5.31}$$

我们定义**互补锥**为：

$$\operatorname{supp}(V) = \operatorname{pos}(\{\boldsymbol{n}_i\}) = \bigcap\{\operatorname{half}(\boldsymbol{e}_i)\} \tag{5.32}$$

5.3　接触力旋量与力旋量锥

多面体凸锥可被用于推理分析作用在刚体上的无摩擦接触。眼下，我们将考虑具有唯一确定的接触法线的无摩擦接触（图 5-7），并且我们将假定一个无摩擦接触可沿内指向（指向物体内部）的接触法线方向施加一个任意幅值的非负力。

令 $\boldsymbol{w}=(\boldsymbol{c},\boldsymbol{c}_0)$ 表示内指向接触法线的单位化旋量坐标向量。那么根据假设，接触力旋量必须具有以下形式：

100 ~ 102

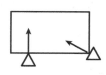

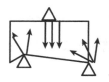

唯一的接触法线   未确定的接触法线

图 5-7　当不存在唯一确定的接触法线时，对接触的分析有时也会出现问题

$$kw, k \geqslant 0 \tag{5.33}$$

换言之，力旋量必须在由正线性生成空间 pos(w) 给出的射线上。

现在假设我们有两个无摩擦接触 w_1 和 w_2。作用在物体上的总的力旋量可通过对 w_1 和 w_2 所产生的贡献求和而得到：

$$k_1 w_1 + k_2 w_2; \ k_1, k_2 \geqslant 0 \tag{5.34}$$

这样两个无摩擦接触产生的全部可能力旋量所组成的集合，将由线性生成空间 pos($\{w_1, w_2\}$) 给出。

将其推广到任意数量的接触，根据我们对无摩擦接触的假设，可以立即得到以下定理。

定理 5.7：如果作用在一个刚体上的一组无摩擦接触可由接触法线 $w_i = (c_i, c_{0i})$ 来描述，那么所有可能力旋量组成的集合将由正线性生成空间 pos($\{w_i\}$) 给出。

因此我们看到：作用在一个刚体上的任何一组无摩擦接触，都对应于力旋量空间中的一个多面体凸锥。根据这一事实，我们可以立即得到一些重要结果。首先引入下列定义。

定义 5.4：**力封闭**（force closure）意味着由全部可能力旋量组成的集合将覆盖整个力旋量空间。

力封闭通常被用来表征使物体固定不动的一个抓取或卡具。根据定理 5.6，一个无摩擦的力封闭抓取至少需要 7 根手指。或者，因为平面内的力旋量空间仅有三维，平面内的一个无摩擦的力封闭抓取至少需要 4 根手指。

例：力封闭抓取

如图 5-8 所示，考虑在平面内使用四个固定的无摩擦手指来抓取一个刚体方块。首先，我们需要写出四个力旋量的旋量坐标。以接触 1 为例；我们想象作用在 y 方向上的一个单位力 $f_1 = (f_{1x}, f_{1y})$，因此 $(f_{1x}, f_{1y}) = (0,1)$，该力被施加到点 $(p_{1x}, p_{1y}) = (1,-1)$ 上。相应的扭矩为 $\tau = 1$，它可以通过使用叉积 $p_1 \times f_1$ 来计算；或者在简单情况下可以通过审视制图而得出。因此，接触 1 的旋量坐标为 $(f_{1x}, f_{1y}, \tau_1) = (0,1,1)$。其余的接触可以通过类似的方式进行处理，从而得到：

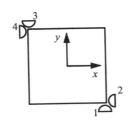 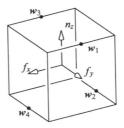

图 5-8   力旋量空间的原点处于由四个力旋量组成的凸包内部，因此抓取是力封闭的

$$w_1 = \begin{pmatrix} 0 \\ 1 \\ 1 \end{pmatrix} \qquad (5.35)$$

$$w_2 = \begin{pmatrix} -1 \\ 0 \\ -1 \end{pmatrix} \qquad (5.36)$$

$$w_3 = \begin{pmatrix} 0 \\ -1 \\ 1 \end{pmatrix} \qquad (5.37)$$

$$w_4 = \begin{pmatrix} 1 \\ 0 \\ -1 \end{pmatrix} \qquad (5.38)$$

如果我们把这四个力旋量绘制在力旋量空间中，如图 5-8 所示，从中我们注意到：这些力旋量的位形确定了一个中心位于原点的四面体。根据定理 5.5 可知，该抓取为力封闭。

5.4   速度旋量空间中的锥

用于描述有限位移的一个运动旋量不能被视为一个向量，所以我们采用正线性生成空间构造的多面体凸锥并不适用于有限位移的运动旋量。

104

但是对一个速度旋量而言，其旋量坐标具有 $t=(\omega,v_0)$ 的形式，因而它可作为向量处理。正线性生成空间和多面体凸锥适用于速度旋量空间。

令 $\{w_i\}$ 表示一组接触法线。令 W 表示由对应的可能接触力旋量组成的集合，$W=\mathrm{pos}(\{w_i\})$。回想我们对运动约束进行的一阶运动学分析：任何可行的速度旋量必须与接触旋量对偶或相斥（参见 3.3 节）。令 T 表示可行的（一阶）速度旋量。对于 T 中的每

个 t，对于各接触旋量 w_i 而言，我们有 $t*w_i \geqslant 0$。每个接触旋量确定了速度旋量空间中的一个半平面，而 T 是这些半平面的交集：

$$T = \bigcap \{ \text{half}(w_i) \} \tag{5.39}$$

这表明 T 是力旋量空间中的一个多面体凸锥。使用锥体语言，我们可以简洁表述如下：对偶或相斥运动旋量组成的锥与接触力旋量组成的锥之间是互补的（supplementary）关系。

作为一个例子，考虑第 3.3 节中的例 1，其中一个立方体受到 6 个接触旋量约束。可行速度旋量的（一阶）形式为：

$$k(1,-1,-1,1,1,0), k \in \mathbf{R} \tag{5.40}$$

上式为速度旋量空间中的一条直线。

5.5 有向平面

在上一小节中，我们将多面体凸锥作为一种用于分析各种操作问题的基本技术。对于空间问题，多面体凸锥处于六维力旋量空间或六维速度旋量空间中。对于平面问题，多面体凸锥位于三维力旋量空间或三维速度旋量空间中。

但是考虑用于分析约束的 Reuleaux 方法（2.5 节），它在速度旋量空间中表示多面体凸锥，并且它仅需要在二维空间中操作，因而它只需要两个维度，而不是三个维度。该方法使用带有⊕或⊖标记的旋转中心来表示相应的速度旋量。在平面中对点进行（正负符号）标记这一技术是 Reuleaux 方法的核心。由带标记的平面点组成的空间被称为有向平面（oriented plane）。本节为有向平面给出了一个正式定义，并将它用于多面体凸锥的表示。后续小节会使用这个概念来得到一些具体方法，用于在平面问题中分析平面力旋量和速度旋量。

105 通过使用齐次坐标的一个变体，我们定义有向平面如下。

定义 5.5：考虑所有的齐次坐标三元组 (x, y, w)，其中，x、y 和 w 均为实数，但它们不同时为零。每个这样的三元组确定了通过原点的一条有向直线。**有向平面中的一点**为由下列形式的三元组构成的一条射线：

$$\{(kx, ky, kw) \mid k>0\} \tag{5.41}$$

所有这些三元组都将给出同一条有向直线。我们对下列三种情况进行区分：

$w>0$：对于正的 w，射线 (kx, ky, kw), $(k>0)$ 将映射到欧氏平面中坐标为 $(x/w, y/w)$ 的一点，其标记为⊕。等效地，我们称它映射到坐标为 $(x/w, y/w)$ 的正平面（positive plane）。

w<0：对于负的 w，射线 (kx, ky, kw), (k>0) 将映射到欧氏平面中坐标为 (x/w, y/w) 的一点，其标记为⊖。我们称它映射到坐标为 (x/w, y/w) 的负平面（negative plane）。

w=0：对于这种情况，射线 (kx, ky, kw) 是一个理想点。它既不映射到正平面也不映射到负平面，而是映射到理想直线，或无限远的线。关于其图形化表示，我们可以把一个理想点映射到单元圆的一个点 (x, y)/|(x, y)| 上。

通过图 5-9 中示出的中心投影可以最好地理解有向平面这一概念。（关于中心投影以及与投影几何相关的更多资料，请参见附录。）在齐次坐标空间中，如果我们在 w=1 处叠加正平面和负平面，那么根据交点我们可以得到正确的映射。一条向上指的有向直线（w>0），它与正平面相交于一点，其标记为⊕。一条向下指的有向直线（w<0），它与负平面相交于一点，其标记为⊖。一条水平的有向直线（w=0），它与正负平面均不相交，因此该直线是一个理想点或无限远点，该直线可通过其与赤道线的交点来表示。

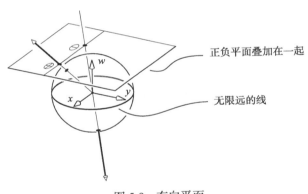

图 5-9　有向平面

因此，我们可以将有向平面想象为两个平面加一个圆。该圆是这两个平面之间的粘合剂。两个平面通过下述方式连接在一起：一个点从一个方向（例如正平面的 +x 轴方向）往无限远处移动，然后从相反方向（负平面的 −x 轴方向）重新出现。通过使用图 5-9 中的投影（图 5-10 可能更为清楚），并让齐次坐标空间中的某条射线越过赤道，很容易观察到上述现象。

正如射影平面可以看作是由所有通过 $\mathbf{E}^3$ 原点的直线组成的集合，有向平面可被视为由所有通过 $\mathbf{E}^3$ 原点的有向直线而组成的集合。并且，正如射影平面可被视为具有确定对极点关系的球面 $\mathbf{S}(2)$，有向平面可被视为不具有确定对极点关系的球面 $\mathbf{S}(2)$——它仅是个普通的球面。北半球面为有向平面的正平面，南半球面为有向平面的负平面，赤道为理想线。

几何与凸性

我们可以研究关于有向平面的几何问题。例如，如果两点不是对极点，那么它们可以确定一条直线。通过在齐次坐标空间内进行推导，我们可以构造出该线。有向平面内的每个点都是齐次坐标空间中的一条射线。除非这两个点是对极点，否则两条射线便可确定一个平面。该平面与球面的交集为一个大圆，而该平面与正平面和负平面的交集即为待求解确定的直线。当然除非两个给定点均为理想点，在这种情况下我们得到理想线[⊖]。

在实践中，就像 Reuleaux 做的那样，我们直接使用标记点工作，而非采用中心投影。我们将两个平面叠加到图中，同时根据点处于正平面或是负平面而将它们标记为⊕或⊖。当需要考虑理想点的时候，我们可以使用一个圆。

如图 5-10 所示，在有向平面内构造两点凸包的规则如下：

- 如果这两个点是对极点，即它们在平面内的坐标相同、但正负符号相反，此时凸包仅为这两个点。
- 如果这两个点具有相同的正负符号，构造线段将它们相连，并赋予该线段与这两个点相同的正负符号。
- 如果这两个点具有相反的正负符号，构造直线通过这两点。这两个点将该直线分为以下三个部分：
  - 以一个"⊕"标记点作为端点的一条射线——将该射线标记为"⊕"；
  - 以一个"⊖"标记点作为端点的一条射线——将该射线标记为"⊖"；
  - 在"⊕"标记点和"⊖"标记点之间的一条线段——将该线段擦去。

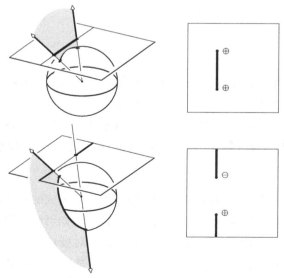

图 5-10　有向平面中的线段

⊖　我们还有如下结论：有向平面内的一对直线相交于两个对极点。——译者注

并且在无限远处有一点将这两条射线连接起来。

我们还需要处理其他情形，其中涉及无限远点。但实际上，弄清楚上述规则比死记硬背这些规则或将它们默写下来更为容易。

106
~
108

我们怎么知道这些规则是正确的呢？方法是通过在球面上进行相应的操作，同时检查其在有向平面上的投影。给定有向平面上两个独特的点，在齐次坐标空间中构建对应的射线，取这些射线的凸包，将会给出一个平面锥或一条直线，然后将结果投影回有向平面。例如，与对极点相关的规则可根据下列观察结果而得到：两条反向平行射线的凸包仅是一条线，它又投影回原来的点。

使用点的凸包，我们可以在有向平面中构造凸多边形。在有向平面中，存在一些不同于平面几何的有趣现象。我们已经注意到：两个对极点的集合是凸的。另一个有趣的情形是带有两条边和两个顶点（或者是四个？）但内部非空的图。参见习题 5.2，在有向平面内使用凸包来建立该图，并将其与图 5-5g 中的中心投影进行比较。

现在是重要的观察结果。从有向平面中的凸多边形到 $\mathbf{R}^3$ 中的多面体凸锥的映射是一对一的。该映射即是我们在图 5-9 中所使用的中心投影。因此，有向平面是用来表示 $\mathbf{R}^3$ 中多面体凸锥的一个非常实用的工具。在本章的剩余部分中，我们将探讨该方法的变种。首先，我们将看到：Reuleaux 图形化方法和力线（line of force）均为该技术的实例。然后，我们推导开发新的方法：对偶力（force-dual）方法以及力矩标记（moment-labeling）方法。

5.6 瞬心和 Reuleaux 方法

多面体凸锥和有向平面为解决多种问题的图形化方案提供了两个工具。本节表明：Reuleaux 方法可解释为使用有向平面来表示平面速度旋量组成的多面体凸锥。假设我们有一个平面速度旋量 (v_x, v_y, ω)。其对应的瞬心是坐标为 $(-v_y/\omega, v_x/\omega)$ 的点；瞬心的标记（⊕或⊖）为 ω 的符号。使用关于 x-y 坐标轴的一个旋转之后，这个变换便与我们先前所使用的从 $\mathbf{R}^3$ 到有向平面的中心投影一样。

因此可知，我们熟悉的两个图形化技术其实是对有向平面和多面体凸锥的应用：

旋转中心（瞬心）表示平面速度旋量空间（注：三维空间）中的一条射线，将此射线投影到有向平面中便可得到该瞬心。

Reuleaux 的标记区域表示平面速度旋量空间（注：三维空间）中的多面体凸锥 PCC，将此多面体凸锥投影到有向平面中便可得到该标记区域。

现在我们可以按如下方式来解释 Reuleaux 方法中的各个步骤：1）对于每个接触法

线，我们用正负符号来标记旋转中心半平面，即，对于每个接触法线，我们取与其对偶或相斥的速度旋量半空间。2）我们保留所有（正负符号）标记一致的点，即，我们取所有半平面的交集，从而获得速度旋量锥。

109

5.7　力线和力矩标记

上一小节已经表明，我们熟悉的两个技术其实是对有向平面和多面体凸锥的应用。本节将表明力线同样可看作是对有向平面和多面体凸锥的一个应用。本小节还将引入名为力矩标记（moment labeling）的一个新方法。

力线或作用线（在 5.1 节中首次介绍）究竟是什么？给定某个平面力旋量 (f_x, f_y, n_z)，我们可以说，它是指由所有力矩为零的点组成的轨迹。但是，这只是给出了一条线，而非有向直线。

让我们按照下列方式为这条线赋予一个方向：根据某点处的力矩符号，将平面中的所有点标记为"⊕"、"⊖"或"±"。处于直线右方的每个点都被标记为"⊖"，处于直线左方的每个点都被标记为"⊕"，而处于直线上的每个点则被标记为"±"。

这种标记往直线中添加了正好一个比特的信息。该直线将该平面平分。选择将哪个半平面标签为"⊕"哪个标记为"⊖"，决定了直线的指向。这种平面标记方法不过是绘制有向直线的一种特殊方法：与其画一条带箭头的直线，不如画一条直线并在其左、右方分别放置⊕、⊖符号。

如果力矩标记仅是一种用来绘制力线的奇怪方法，那么它并不值得考虑。当我们着手解决更有趣的问题时，力矩标记的威力将会变得明显。我们从一个简单得不需要使用特殊方法的问题入手。假设给定一个静止在两个无摩擦支撑点上的三角形，如图 5-11 所示。其中的每个支撑点施加一个与三角形边垂直的力，该力的幅值大小任意，但其方向必须指向三角形内。现在的问题是：两个支持力的可能合成力是什么？这种情况下有一个简单的答案。令每个支持力沿各自的作用线滑动，使得每个力通过两条作用线的交

图 5-11　两个无摩擦接触可能的合成力

110

点，那么合成力的作用必须通过这个交点。现在通过改变两个支持力的大小，我们构建合成力的轨迹。可能的合成力扫出了由两条作用线定义的一个锥体。该锥体给出了关于由可能合成力组成的集合的一个简洁描述。当给定这个构造后，确定三角形在重力作用下的平衡位置，以及计算支持力部分的贡献将会是一个简单问题。

现在考虑两个更为困难的问题，如图 5-12 所示。在一种情况下，两条作用线是平行的。我们也许能使用上述简单方法，但由于作用线相交于无限远处，所以该方法会比较困难。另一种情况则完全没有希望——三条作用线没有一个公共交点。

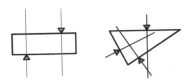

图 5-12　当法线没有共同交点时，构建可能的合成力会变得更加困难

如图 5-13 所示，力矩标记给出了一个简单得令人惊讶的解决方案：

1）使用力矩标记绘制每条力线。（即，使用奇怪方法——分别在左、右两边放置⊕、⊖符号来绘制每条力线。）

2）保留所有正负符号标记一致的点。

图 5-13　力矩标记是对 Reuleaux 方法进行改造，使其适于表示平面接触的可能合成力

力矩标记刚好扼要地重述了 Reuleaux 方法，但力矩标记表示的是力旋量而非速度旋量。对于每个力旋量，力矩标记方法中的第一步给出了该力旋量的互补锥的半空间；第二步则取这些半空间的交集，以给出与待求解力旋量锥互补的一个锥。 |111|

我们如何解释这样的标记呢？有个简单方法可用来"解读"力矩标记。一个力旋量被包含在锥中，当且仅当该力旋量的力线从所有⊕标记点的右侧通过，并从所有⊖标记点的左侧通过（图 5-14）。也就是说，力线必须处于⊕和⊖区域之间，并具有正确的方向。力线可以接触任一标记区域的边界，但不能通过任何区域的内部区域⊖。

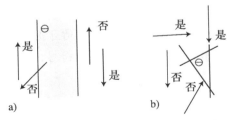

图 5-14　将力矩标记解读为可能合成力集合的方法。图 a 中的合成力必须平行于阴影条带，如果合成力处于左方则向上指，如果合成力处于右方则向下指。图 b 中的合成力必须从三角形阴影区域的左侧通过

总结如下：

⊖　关于力矩标记的更多内容和解释，参见原书作者电子教案第 18 讲。——译者注

一个力线表示平面力旋量空间（注：三维空间）中的一条射线，将该射线的互补锥投影到有向平面便可得到该力线。

力矩标记表示平面力旋量空间（注：三维空间）中的一个多面体凸锥，将多面体凸锥投影到有向平面便可得到该力矩标记。

5.8　对偶力

本节介绍表示力旋量锥的另一种图形化方法：对欧力（force dual）。

回想一下：Reuleaux 方法是通过往有向平面做中心投影来表示运动旋量锥。力矩标记法通过将互补锥往有向平面做中心投影来表示力旋量锥。我们为什么不考虑那些看似更为简单的方法，将力旋量锥直接投影到有向平面，从而省略掉取补充锥这一中间过程呢？这就是对偶力方法。

[112]　　对偶力通过向有向平面做中心投影来表示平面力旋量空间中的一个多面体凸锥。

通过定义一个从平面力旋量到有向平面的变换，我们可以推导出对偶力方法：

$$
\begin{pmatrix} f_x \\ f_y \\ n_z \end{pmatrix} \mapsto \begin{pmatrix} -f_y / n_z \\ f_x / n_z \end{pmatrix}
\tag{5.42}
$$

其中，该点的正负符号即是力矩 n_z 的符号。如果力矩为零，我们便得到一个理想点。因此，与瞬心情形类似，我们得到一个变换，它与图 5-9 中的投影之间只相差一个坐标旋转。

该变换具有一个简单的几何解释（图 5-15）。给定沿某条直线的一个作用力，通过原点构建该直线的垂线。该点位于垂线上，并处于原点的另一侧。其到原点的距离等于原作用力到原点的距离的倒数。第三个组成部分，正负符号，正是力矩的符号。

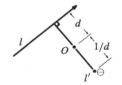

图 5-15　构建一条直线的对偶来得到一个点

根据定义，这个映射是从有向直线到带符号点的映射——一个特定力旋量的象与其幅值大小无关，它仅取决于力的（有向）作用线。但我们可以扩展上述映射，使得它也可以把带符号的点映射回有向直线。我们把一个点 P 的象定义为通过点 P 的所有直线的象轨迹，如图 5-16 所示。假设 $\{l\}$ 是通过 P 的直线集合；那么，P' 被定义为 $\{l'\}$，其方向由点 P 的符号决定。使用一个简单的几何构造足以证明：

- P' 是一条有向直线
- $P''=P$

因此，该变换是对偶的（dual），这也就解释了对偶力（force dual）这个名字的由来。

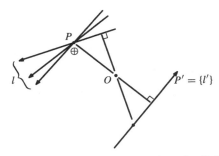

图 5-16　对一个点施加对偶变换将得到一条直线

例如，我们将对偶力方法应用于图 5-12 的问题中。要使用对偶力方法：

1）明智地选择原点和单位长度。

2）针对每个有向力线 w_i，构建它在有向平面中的对偶 w'_i。

3）取凸包 conv($\{w'_i\}$)。

其结果是有向平面内的一个凸形图，它代表了 w_i 的正线性生成空间。图中的每个点都是一个可能合成力的对偶。

"明智"选取原点和单位长度意味着：你应该预见将要在哪里构建对偶，并将它们保持在页面内。当所有的作用力处于无限远时，图形方法是笨拙的。所以不要把原点正好放到接触法线之上。同时，如果对偶构造并非正好在原始图形之上，这将会很方便。在图 5-17 中原点的布置起初看起来似乎有悖于常理，但要注意对偶图的主要特点是在页面内，而非在原始图形之上。

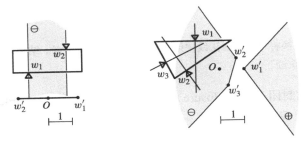

图 5-17　对偶力方法的两个例子。两个接触点映射到有向平面内的一条线段；三个接触点
　　　　映射到有向平面内的一个三角形

图 5-17 中的第一个例子中有两条反向平行的接触法线。将原点布置在这两条接触法线之间，法线的力矩便具有相同的符号⊖。两个映射点的凸包是一个标记为⊖的简单线段。将这条线段与图 5-13 中（力矩标记）或图 2-19a 中（Reuleaux 方法）的阴影区域对比，可知一个图中的顶点与另一个图中一条边对偶。这些图是互补锥的投影，但它们是表示同一集合的不同方式。

图 5-17 中的第二个例子示出了一个三角形的三个接触法线，这些法线映射到有向平面中的三个点。映射点的凸包等于有向平面中的一个三角形，其与无限远处的直线重合。再次将其与图 5-13 中的力矩标记和图 2-19b 中的 Reuleaux 方法进行比较，会给我们一些启发。

由于与力矩标记方法相比，对偶力方法有点复杂，你可能会问，为什么需要对偶力方法？对偶映射的优点在于：它将每个（有向）作用线表示为一个（带符号的）点；这样作用线的一个集合便被表示为一个区域。当然，力矩标记方法也将一个集合表示为一个区域，但该区域并不是通常意义上所说的代表点集的一个区域。正因如此，对偶力方法可以表示作用线的任一集合，并不只是凸锥体。例如，假设我们想要表示施加在一个物体周边的无摩擦作用力的集合，如图 5-18 所示。在对偶力空间中这很容易描述，它是一条被称为之字形轨迹（zigzag locus）的分段线性闭合曲线。但该轨迹曲线并不是凸集，因为我们没有要求求解所有这些力所对应的可能合成力，因此没有取其在有向平面内的凸包。作为练习，读者可以考虑使用力矩标记方法来表示这一实例。

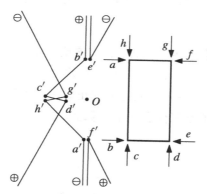

图 5-18　对偶力变换将每个接触法线映射到有向平面中的一个点。结果所得的曲线被称为
　　　　　"之字形轨迹"

对偶力是解决力封闭（force closure）问题和一阶形封闭（first-order form closure）问题的一种理想方法。我们已经看到了一些实例，在后一小节和练习中会有更多的例子。正如我们将在下一章将要看到的那样，当我们包括摩擦的时候，对偶力方法依然适用。

对偶力方法对于动力学问题也将适用。事实上，正如我们在第 8 章将要看到的那样，对偶力变换其实自然地出自牛顿定律。

对偶力并不擅长的一件事情是可视化。使用对偶力表示时，并不能立即明确一个多面体凸锥中包含了哪些力旋量。当有必要的时候，对偶变换可被用于求解等效的力矩标记表示 。当使用计算机进行工作时，Brost（1991a）发现：向球面上做中心投影是在平面力旋量空间或速度旋量空间中对多面体凸锥可视化的最有效方式。

向平面内可生成封闭的布局

在有向平面内，力封闭和一阶形封闭可由凸包等于整个有向平面的一个点集来表示。我们已经看到一些关于封闭的实例，但是我们可能会问更一般的问题：在有向平面内，有什么不同的关于点的布局，能够使这些点的凸包等于整个有向平面？我们能否系统地确定具有不同拓扑结构、无法被缩减为更小集合的各个布局（注：此时称其为不可约布局）？图 5-19 示出了所有我可以确定的不可约布局。能够生成封闭的任何点布局必须包含图中所示布局中的一种。

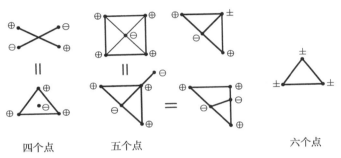

四个点   五个点   六个点

图 5-19   能够生成封闭的有向点的不可约布局

5.9   总结

前面介绍的图形化方法可以被整理成下面的表格：

	将锥投影到有向平面	将互补锥投影到有向平面
单个力旋量	加速度中心	作用线
单个速度旋量	瞬心	?
力旋量锥	对偶力	力矩标记
速度旋量锥	Reuleaux	?

在表中我们注意到，把对偶力方法施加到单个力旋量时，生成加速度中心（acceleration center），它将在 8.9 节中被描述。此外，我们看到表中的某些地方标记为"?"，这表示有不止一种方法，它可能被称为"对偶速度"或"对偶速度旋量"。

5.10   文献注释

作用于刚体的力系以及相关的等价定理等资料改编自（Symon，1971）。关于力旋量的基本结论出自（Ohwovoriole，1980）、（Roth，1984）和（Hunt，1978）。多面体凸锥的推导出自（Goldman 和 Tucker，1956）。对有向平面的描述出自 Stolfi 的工作（1988）。同时也可参考 Guibas 和 Ramshaw 的早期论文（1983）。

使用力旋量空间中的线性不等式对运动学约束和接触力系进行建模，其发展过程历经多篇论文，这些论文旨在解决抓取规划、工件卡具的设计以及机器人装配等问题（Erdmann，1984；Asada 和 By，1985；Kerr 和 Roth，1986；Rajan 等人，1987；Mishra 等人，1987；Brost，1991b；Hirai 和 Asada，1993）。（Erdmann，1984）使用了力旋量空间中的锥，（Nguyen，1988）、（Hirai 和 Asada，1993）扩展并进一步发展了锥的使用。对偶力和力矩标记方法是由（Brost 和 Mason，1989，1991）描述的。如果希望更深入地了解关于接触的运动学和静力学，也可以参考将其作为线性互补问题的描述方法。文献（Pang 和 Trinkle，1996）是一个很好的起点。

113
~
117

习题

5.1：图 5-6 示出了 $\mathbf{E}^2$ 中所有不同类型的锥以及相应的互补锥。对 $\mathbf{E}^3$ 构建等效的图，示出图 5-5 中每个锥的互补锥。

5.2：对于图 5-20 中有向平面内的每个点集，构建凸包。

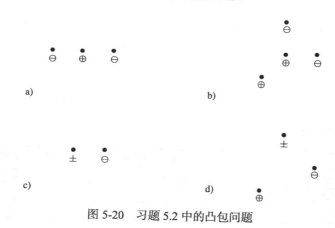

图 5-20　习题 5.2 中的凸包问题

5.3：图 5-21 示出了带有无摩擦接触的 6 个物体。对于每个物体，使用力矩标记来确定可能合成力旋量的集合。在每种情况下，示出其中一个可能合成力旋量的标记区域和作用线。

5.4：重复习题 5.3，使用对偶力方法，而不是力矩标记方法。对于所有这六个物体，求解可能合成力旋量的对偶力表示。在每一种情况下，选择对偶力表示中的一个标记点，并使用对偶变换以得到对应的有向作用线。

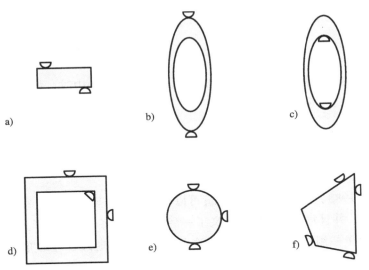

图 5-21　习题 5.3 和习题 5.4 中的接触问题

5.5：对于图 5-22 中的每个力矩标记，画出了四个力旋量。对于每个力旋量，表明它是否处于力旋量锥中。

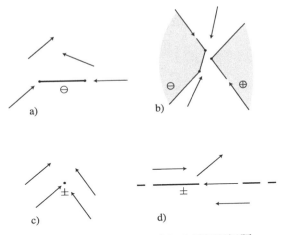

图 5-22　练习 5.5 中的力矩表示解释问题

5.6：对于式（5.42）中定义的对偶映射，证明该映射确实能在力线的垂线（该垂线通过原点）上得到一个点，该点与原点的距离等于力臂的倒数。（回想力线可被定义为由所有力矩为零的点 x 组成的轨迹）。

5.7：对于图 5-13 中的三角形，使用对偶力方法来确定能够获得力封闭的第四个手指的所有放置位置。你应该包括两种类型的手指：处于三角形边上的尖手指以及处于三角形顶点的平手指。

a）对于三个给定手指，构建对偶力的三角形。

b）对于所有的接触法线，构建对偶力轨迹（之字形轨迹）。

c）在这些对偶中，确定那些加入到三个给定接触中时，将会生成一个覆盖整个有向平面的凸包。

d）往回变换以获得接触法线的一个子集。

e）说明对应的手指放置位置集合。

5.8：Nguyen（1988）观察到四个力旋量可以得出闭合，当且仅当这些力旋量可以被布置成两对，并且每一对力旋量定义了一个锥，其中每个锥包含了另一个锥的基。图5-23 示出了一组满足 Nguyen 准则的力旋量。证明通过合理的布置原点，图 5-23 中力旋量的对偶力表示将与图 5-19 所示的四点布局相匹配。

图 5-23　相互面对的锥（习题 5.8）

5.9：对于图 5-19 中的每个布局，构造一个形状和一组接触法线，让它们的对偶力与布局相匹配。

118
~
120

摩　擦

考虑一个普通的操作任务——例如我们每天都要面对的常见任务：在桌子上整理纸张、做饭或者打牌等问题。对于此类操作任务，经过一些反思我们会得到下列观察结果：

- 大多数物体在大部分时间内都处于静止状态。
- 通常需要用手来施加一些作用力使物体运动。

简单来讲，操作里的力学更接近于亚里士多德模型（物体只有在受到外力作用时才会运动）而非牛顿模型。在摩擦和塑性碰撞（即完全非弹性碰撞）世界里，运动中的物体实际上最终更倾向于静止。非常幸运的是实际情况的确如此。操作通常是用少数几个电机来调整多种不同类型的物体位置的过程。我们通过每次移动一个物体或同时移动少数几个物体来实现操作过程。在这一过程中，其他物体保持不动，这一点至关重要。

此外，摩擦是用手向物体施加作用力的一个常用方法。例如，在没有摩擦的前提下，要想实现安全地抓取物体，需要保证将物体的所有面都包围起来。在存在摩擦的情况下，使用两根手指作用于物体的两个反向特征处便可实现抓取。（但对大多数情况而言，两根手指是最低要求；因此霍比人有一句格言："一根手指不能抬起一块鹅卵石"。）

6.1　库仑定律

我们将通过回顾库仑定律来开始对摩擦力的研究。考虑一个简单实验，一条绳拉着一个物块在水平表面上滑动，如图 6-1 所示。我们将假定两个表面都相当干净、干燥并且未被润滑。想象我们有仪器来测量由绳子施加的作用力 f_a，以及由于桌面和物块之间摩擦而引起的切向力 f_t。如果我们逐渐增大作用力 f_a，我们往往会看到如图 6-1 中所示的行为。对于较小的作用力，摩擦力将与作用力平衡，从而使该物块保持不动。当作用力超过某个阈值之后，该物块将开始移动，并且摩擦力从现在开始将会保持不变。如果我们进行大量实验，改变物块的质量、形状、材料等，我们将会发现极限摩擦力取决于法向力和涉及的

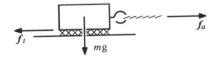

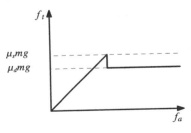

图 6-1　滑动摩擦力的库仑定律

材料，但几乎与所有其他因素无关。如果 f_{ts} 是静摩擦力的极限值，此时物体开始运动，而 f_{td} 是动摩擦力的值，那么这些值近似为：

$$f_{ts} = \mu_s f_n \tag{6.1}$$

$$f_{td} = \mu_d f_n \tag{6.2}$$

其中，f_n 是法向力，μ_s 为静摩擦系数，μ_d 是动摩擦系数。通常 μ_s 比 μ_d 大，但我们将忽略这个差异，转而使用同一个摩擦系数 μ。对库仑定律的一个简单表述是：如果没有运动，那么：

$$|f_t| \leqslant \mu|f_n| \tag{6.3}$$

如果存在运动的话：

$$|f_t| \leqslant \mu|f_n| \tag{6.4}$$

此时切向摩擦力与运动方向相反。

特别是，切向摩擦力基本上与接触面积和运动速度无关。摩擦系数被认为是材料的性质，它只取决于所涉及的材料。我们不应该过于看重摩擦系数表格，但下表中给出一些典型摩擦系数值：

121
~
122

材料	μ
金属与金属	$0.15 \sim 0.6$
橡胶与混凝土	$0.6 \sim 0.9$
生菜上的保险膜	∞
李奥纳多·达芬奇常数	0.25

像上述的那些实验为库仑定律提供了基础，我们将在后述内容中更仔细地讲述库仑定律。该定律的历史也很有趣。库仑在摩擦方面的工作是他的第一个科学成果，库仑对摩擦的兴趣是由实际工程问题推动的。他本人是一个职业军人工程师，携带巨大的实验设备从一个任务转移到另一个任务。库仑为人所知的工作还有发明扭力天平以及他对电力的研究，从电力研究中他得出了静电吸引定律，该定律不幸也被称为库仑定律。库仑并不是提出滑动摩擦库仑定律的第一人。Amontons 早些时候也曾提出该定律，所以该定律偶尔也会被称为 Amontons 定律。似乎达芬奇在更早的时候也提出了该定律的一个限制性版本，其中假设摩擦系数始终为四分之一。库仑定律是一个现象定律，提供了对聚合行为的一个近似描述。出于这个原因，有人并不认为它可被称为定律。关于摩擦力建模，存在一些更基本的方法，并且能够更为准确的近似摩擦力。但对于很多用途而言，库仑定律仍提供了简单性和准确性的最佳组合。

6.2　单自由度问题

我们首先考虑最简单的问题，其中只涉及 1 个自由度。考虑与支撑平面之间存在摩擦接触的一个物块，它受到某种作用以防止物块离开支撑平面，如图 6-2 所示。物块的切向位置由 x 给出，摩擦力由 f_n 和 f_t 给出，这两个力分别与支撑平面平行和相切。依据下表中所示的接触模式（contact mode），库仑定律规定了针对接触力的一个约束：

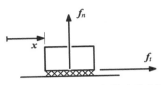

图 6-2　具有库仑摩擦力作用的滑块

$\dot{x}$	$\ddot{x}$		
<0		$f_t=\mu f_n$	向左滑
>0		$f_t=-\mu f_n$	向右滑
$=0$	<0	$f_t=\mu f_n$	向左滑
$=0$	>0	$f_t=-\mu f_n$	向右滑
$=0$	$=0$	$|f_t|\leqslant \mu f_n$	静止

现在，假设我们引入一个重力场，并假设支撑表面是一个倾斜平面，如图 6-3 所示。令 α 表示倾斜平面相对于水平面的倾角。能够使该物块保持静止的最大倾角 α 是多少？

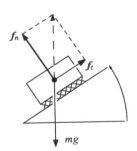

图 6-3　处于倾斜平面上的滑动物块

如果物块是静止的，那么重力必须与总的接触力相平衡：

$$f_{} = mg\cos \tag{6.5}$$

$$f_t = mg\sin \alpha \tag{6.6}$$

当静止时，我们有 $|f_t|\leqslant|\mu f_n|$。其极限情况给出如下：

$$f_t=\mu f_n \tag{6.7}$$

将其代入前面的公式中，得到：

$$mg\sin \alpha = \mu mg\cos\alpha \tag{6.8}$$

$$\alpha = \tan^{-1}\mu \tag{6.9}$$

因此，所需的最大角度 α 是摩擦系数的反正切。这个角度有时也被称为摩擦角（friction angle）或休止角（angle of repose）。

摩擦角为库仑定律提供了一个优雅精美的几何方法。对于一个静止物体，考虑所有满足库仑定律的力，即，所有满足下列条件的力：

$$|f_t| \leqslant \mu |f_n| \tag{6.10}$$

如图 6-4 所示，这组力描述了力空间中的一个锥，称为摩擦锥（friction cone），其顶点在原点，二面角（dihedral angle）为 $2\tan^{-1}\mu$。那么，我们可以陈述库仑定律如下：

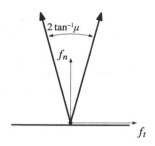

图 6-4　摩擦锥：为满足库仑定律，接触力与接触法线之间的最大偏离角度为 $\tan^{-1}\mu$

对于向左滑动	$f_n + f_t \in$ 摩擦锥的右边缘
对于向右滑动	$f_n + f_t \in$ 摩擦锥的左边缘
对于静止	$f_n + f_t \in$ 摩擦锥

为了说明摩擦锥，考虑管道夹具设计中的一个问题，如图 6-5 所示。管道夹具的一个特有性质是：虽然存在完全的运动自由度，但是作用在夹具面上的力将不会引起它的运动。夹具被卡死，而增大作用力只会增大用来平衡的反作用力[⊖]。

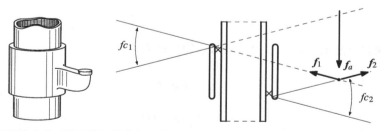

图 6-5　对管道夹具（管道钳）的分析：作用在距离管道足够远处的一个力，将会使夹具卡死

现在，考虑如何设计这样一个夹具的问题。特别是：我们需要将夹具面放置在哪里？该面需要距离管道中心多远，从而能够获得被卡死的效果？对于该示例，令管道的直径为 2cm，令滑动单元的长度为 2cm，同时令摩擦系数为 0.25。

⊖　这其实是一个静平衡问题，参见 6.5 节。——译者注

图 6-5 中示出了相关的力。外界施加的作用力通过夹具面，其幅值大小任意。相关的接触力由两个摩擦锥描述。这两个力的幅值也任意，但它们必须处于各自的摩擦锥内。

现在对于处于静止的夹具，力必须处于平衡状态。一个必要条件是，三个力都要穿过一个共同点。由于两个接触力必须处于其摩擦锥内，那么施加的作用力必须通过两个摩擦锥的交集。通过将夹具面放置于两个摩擦锥的交集内，此条件容易满足。相关的构造示于图中。距离管道中心的最小距离为 4cm。我们还注意到，当夹具面处于两个摩擦锥的交集内时，即大约处于滑动单元长度中间点的地方时，上述效果能够承受作用力在方向上大的变化。

6.3　平面内的单点接触问题

在上一小节中，我们假设滑动物体将与支撑平面保持接触，这样只会产生三种接触模式：向左滑动、向右滑动、静止。更一般的情况是：物体可能会离开支撑平面而脱离接触；因此会产生一些其他的接触模式。考虑一个与固定表面相接触的简单棒状物，如图 6-6 所示。令 $\{\hat{t},\hat{n}\}$ 为放置于接触点 p_c 处的一个坐标系统，其中 $\hat{t}$ 与接触相切，$\hat{n}$ 与接触垂直，从而使 $p_c=(p_{ct},p_{cn})$。

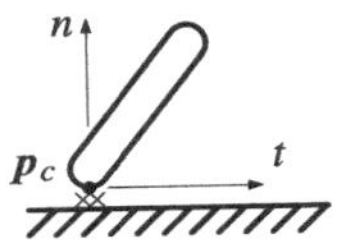

图 6-6　库仑摩擦力作用下的滑杆

那么我们可以列举可能的接触模式如下：

$\dot{p}_{cn}$	$\ddot{p}_{cn}$	$\dot{p}_{ct}$	$\ddot{p}_{ct}$		
<0					碰撞
>0					分离
=0	<0				碰撞
=0	>0				分离
=0	=0	<0		$f_t=\mu f_n$	向左滑
=0	=0	>0		$f_t=-\mu f_n$	向右滑
=0	=0	=0	<0	$f_t=\mu f_n$	向左滑
=0	=0	=0	>0	$f_t=-\mu f_n$	向右滑
=0	=0	=0	=0	$|f_t|\le|\mu f_n|$	固定（fixed）

列表的前四行中所确定的情形是：物体之间相互接近，从而导致碰撞（第 9 章）；或是物体之间相互远离，从而使接触力为零。剩余的五行基本上是在重复上一小节中的列表；不过有一点不同。早先的列表中有一个模式标记为"静止（rest）"，现在则标记为"固定（fixed）"。杆并不一定需要处于静止——它可能绕接触点转动。更一般地，如果杆的端部为圆形，滚动接触将给出一个"固定"的接触，即使杆与支撑平面间的接触点在运动。出于这个原因，在文献中该接触模式有时被称为"固定或滚动"。接下来，我们将不会考虑滚动接触。

6.4   摩擦锥的图形表示

123
~
127

我们可以立即将力矩标记方法或者对偶力方法应用到摩擦问题中，如图 6-7 所示。一个摩擦锥的力矩标记，只不过是绘制摩擦锥的常用方法的一个微小变种——在锥外而非锥内绘画。对偶力方法生成对偶力空间中的一条线段。

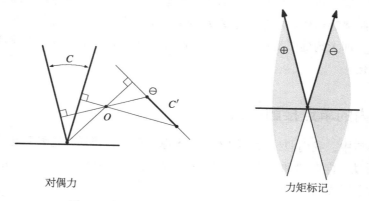

图 6-7   使用对偶力或力矩标记来表示摩擦锥

6.5   静平衡问题

静平衡尽管易于分析，但它非常有用。例如，抓取合成中的很多问题，复杂的机械装配，夹持工件的夹具，都可以通过简单的静平衡来处理。

假设一个刚体最初处于静止状态，我们将静平衡定义为是指静态力（接触力和外界所施加的负载力）总和为零。回想一下为了定义力，我们假设一个静止的物体在合力为零时将会保持静止。然而，最好也要考虑扰动对物体的影响，因此在静平衡分析中加入稳定性（stability）分析。

例 1：桌上的物块

如图 6-8 所示，考虑在水平面上一个静止的物块。作用在物块上的力包括桌面提供的接触力和重力负载。通过下述方式我们可以检验该物块是否处于静平衡：构建接触力旋量的可能合成的集和 $pos(\{c_i\})$，然后查看这些合成中能否有一个可以与重力负载力旋量 w_g 相平衡。简单来说，如果 $w_g \in pos(\{c_i\})$，那么静平衡成立。图中给出了相关的构造，包括力矩标记表示和对偶力表示。注意，接触力旋量的集合是连续的，但是它等效于两个位于接触边缘末端的接触。如果我们对物块施加扰动之后，它可以很快地静止在
128
附近的某个位置上，那么该物块是稳定的。

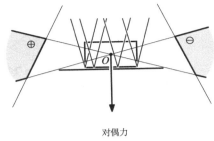

力矩标记　　　　　　　　　　　　　　　　　　　　对偶力

图 6-8　使用力矩标记表示桌上物块的摩擦锥

例 2：力封闭和不确定性

看似很明显的一个事情是力封闭意味着静平衡，但事实上并非如此。力封闭意味着可能的接触力旋量合成覆盖整个力旋量空间。因此，这些合成可以平衡任何作用力，但真是这样吗？在图 6-9 中，摩擦系数不为零，被夹在裂口中的梁处于力封闭。虽然存在可以平衡重力负载的接触力选项，也存在其他可以满足刚体力学定律的接触力选项。特别是，如果接触力为零时，梁将会掉下来。如果我们想要预测梁是否会掉下来，我们必须要超越刚体力学，将梁或墙壁作为变形体来建模。对于上述问题，我们有力封闭，我们可能会有静平衡，但我们肯定不会把它归类为稳定状态。

图 6-9　它会掉下去吗？当有摩擦时这根梁处于力封闭状态，但它并不一定处于平衡状态

例 3：处于力封闭的一个三角形

如图 6-10 所示，考虑在平面内使用三根手指来抓取一个三角形物体。使用运动分析或无摩擦接触的力分析，表明三角形并没有被牢固地抓取（securely grasped），即，存在一些无法由接触平衡的负载。然而，当有足够的摩擦力时，可能的合成将覆盖整个力旋量空间，并且该三角形处于力封闭。该图示出了该问题的力矩标记。读者容易验证：正标记区域和负标记区域都是空的。因此，并不存在对可能力旋量的限制：因而物体处于力封闭。

$$\oplus = \oplus_1 \cap \oplus_2 \cap \oplus_3 \qquad \ominus = \ominus_1 \cap \ominus_2 \cap \ominus_3$$

图 6-10　三个正标记区域没有共同交集，三个负标记区域也没有共同交集。因此，标记区
　　　　域为空，可能合成为整个力旋量空间，该三角形处于力封闭

6.6　平面滑动

　　一些操作任务涉及在支撑平面上滑动的一个物体。平面滑动力学适用于多种问题，例如移动家具（7.2 节）以及加工操作中的工件夹持。本节将推导摩擦力和平面滑动力矩的表达式，并介绍一种被称为极限曲面（Limit Surface）的非常精美的图形表示。

　　当推一个物体时，其运动通常是不确定的。如果一个刚体由三个以上的接触点支持，支持力的分布是不确定的[⊖]。如果我们假定摩擦力与法向压力成正比，正如库仑猜想的那样，那么摩擦力也是不确定的。该问题可通过图 6-11 中示出的有缺陷的餐盘来说明。该盘子底部设计有一个圆形脊，使得支持力可以集中在盘子的边上。不幸的是：盘子底部在焙烧过程中会有凹陷，使得底部中心也与支撑平面相接触。没有办法可以预测支持力是否集中在中心部分，从而使其有强烈的旋转倾向；或者支持力集中处于边缘，从而阻碍旋转。在实际中，盘子的行为将取决于一些非常难以建模的细节。当有桌布的时候，盘子具有十分良好的行为表现，但没有桌布的时候则不然。其行为也可能取决于月相（月球引起的潮汐作用会使得桌面和盘子的形状发生微小变化）。

图 6-11　当不知道盘子与桌面之间的支撑力分布时，无法预测这个盘子的运动

　　有缺陷的餐盘是关于平面滑动不确定性的一个特别突出的例子。在最坏的情况下，该问题可能会十分扭曲。但在大多数实际情况下，存在多种方法可以解决这一问题。一个不可避免的结论是：关于平面滑动的一个有用理论应该能够捕获这种不确定性，这便是下面将要描述方法的主要目标。

　　第一步是推导出力和平面滑动力矩的表达式，其中假设支持力已知并且可由一个有界的压强分布（pressure distribution）$p(r)$ 来描述。在这些假设条件下，不确定性并不成

　　⊖　比如四条腿的桌子或无悬挂的四轮机器人。——译者注

问题。在滑块的运动方向和所得力旋量之间存在一对一的映射，除非滑块不动。

给定一个已知有界压强分布所对应的力和力矩，下一步是扩展到下列情形：有界力可能集中在某个隔离的支撑点处，对应于无限大的压强。在这些情形中，滑块的运动方向和所得力旋量之间的映射可能是多对一或一对多的。

最后，我们还必须考虑由于压强分布未知或部分已知而引起的不确定性，例如上面的餐盘例子，它会在第 7 章中处理。

6.6.1　平面滑动的力和力矩

如图 6-12 所示，令某个物体做平面运动，该物体由一个固定平面支撑。选择一个坐标系，使得 x–y 平面与支撑平面重合，z 轴向上指。令物体与平面之间的接触局限于某区域 R。令 r 为物体上某点的位置向量，并令 $v(r)$ 表示该点的速度。如果 $p(r)$ 为 r 处的压强，$\mathrm{d}A$ 为 r 处的一个微分单元的面积，那么 r 处的法向压力的幅值由下式给出： [131]

$$p(r)\mathrm{d}A \tag{6.11}$$

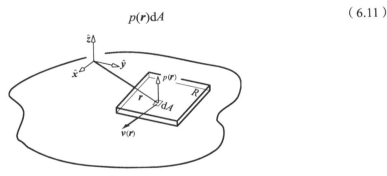

图 6-12　平面滑动中的符号

库仑定律给出了 r 处的切向力：

$$-\mu\frac{v(r)}{|v(r)|}p(r)\mathrm{d}A \tag{6.12}$$

其中，$|v(r)|\neq 0,\mu$ 为摩擦系数，假设 μ 在接触区域 R 内均匀分布。

将上式在 R 区域内积分，我们得到了因摩擦引起的合力以及合力矩的表达式：

$$f_f=-\mu\int_R\frac{v(r)}{|v(r)|}p(r)\mathrm{d}A \tag{6.13}$$

$$n_f=-\mu\int_R r\times\frac{v(r)}{|v(r)|}p(r)\mathrm{d}A \tag{6.14}$$

注意到摩擦力 f_f 处于 x–y 平面之内，总的摩擦力矩 n_f 沿 z 轴作用。当无法得知压强分布

[132] $p(r)$ 时，我们无法计算这些积分，这便导致了摩擦力的不确定性。不过倒是存在一个例外：纯平移。

情形 1：纯平移

如果物体在做纯平移，该物体上的所有点都会朝同一个方向运动，并且我们可以整理式（6.13）和式（6.14）中的积分，得到：

$$f_f = -\mu \frac{v(r)}{|v(r)|} \int_R p(r)\mathrm{d}A \tag{6.15}$$

$$n_f = -\mu \int_R r p(r)\mathrm{d}A \times \frac{v(r)}{|v(r)|} \tag{6.16}$$

令 f_0 为总的法向合力，并令 r_0 表示压强分布的矩心（centroid），那么：

$$f_0 = \int_R p(r)\mathrm{d}A \tag{6.17}$$

$$r_0 = \frac{1}{f_0} \int_R r p(r)\mathrm{d}A \tag{6.18}$$

代入到式（6.15）和式（6.16）中，得到：

$$f_f = -\mu \frac{v(r)}{|v(r)|} f_0 \tag{6.19}$$

$$n_f = r_0 \times f_f \tag{6.20}$$

因此，在支撑区域内的摩擦力分布有一个合成，其幅值大小为 μf_0，方向与运动方向相反且穿过矩心 r_0。换言之，该力等效于将库仑定律施加到 r_0 处的单个滑动质点上得到的力。

定义 6.1： 摩擦中心（center of friction）是指压强分布的矩心 r_0。

定理 6.1： 对于在平面上做纯平移的一个刚体，其摩擦系数分布均一，摩擦力可简化为通过摩擦中心且方向与速度反向的一个力。

证明： 前面已经给出。 ■

在某些情况下，容易确定摩擦中心。如果物体静止在支撑平面上，除重力和支持接触力之外没有其他作用力，那么摩擦中心处于重心的正下方。这是唯一可以使接触力与[133]重力相平衡的位置。我们可以略微推广，允许加入额外的作用力，只要它们在支撑平面内。物体还可以加速运动，如果重心位于支撑平面内。但如果重心位于支撑平面的上方，物体加速一般会引起压强分布的变化，从而使摩擦中心发生相应的变化。支撑平面之外的作用力一般都将会引起类似的变化。

情形 2：转动

现在假设物体在转动，其转动瞬心为 r_{IC}。那么 r 处一点的速度给出如下：

$$v(r) = \omega \times (r - r_{IC}) \tag{6.21}$$

$$= \dot{\theta}\hat{k} \times (r - r_{IC}) \tag{6.22}$$

r 处的运动方向为：

$$\frac{v(r)}{|v(r)|} = \text{sgn}(\dot{\theta})\hat{k} \times \frac{r - r_{IC}}{|r - r_{IC}|} \tag{6.23}$$

代入到式（6.13）和式（6.14）中，我们得到：

$$f_f = -\mu\,\text{sgn}(\dot{\theta})\hat{k} \times \int_R \frac{r - r_{IC}}{|r - r_{IC}|} p(r)\mathrm{d}A \tag{6.24}$$

$$n_{fz} = -\mu\,\text{sgn}(\dot{\theta})\int_R r \cdot \frac{r - r_{IC}}{|r - r_{IC}|} p(r)\mathrm{d}A \tag{6.25}$$

注意到当旋转中心 r_{IC} 趋近于无穷时，这些方程有具有明确定义的极限，所以它们适用于纯平移以及旋转。

6.6.2　极限曲面

式（6.24）和式（6.25）的形式表明：滑块的转动中心和所得到的摩擦力之间存在一个函数关系。不过，如果我们允许在一个离散点处存在非零的支撑力，那么这些方程对于围绕支撑点的旋转是没有定义的。正是出于这一原因，滑块的运动和摩擦力之间的关系通常不能被描述为一个函数。幸运的是，存在一个关于运动－力映射的精美描述：即由（Goyal、Ruina 和 Papadopoulos，1991）提出的极限曲面（limit surface）。

为了推导极限曲面，我们首先考虑单个质点的滑动。如图 6-13 所示，令 v 为质点的速度，并令 f 为质点向支撑平面施加的摩擦力。请注意，这个约定与我们平时的习惯相反，它对应于力 f 的一个符号变化。我们将用摩擦负载（frictional load）这一术语来指代由滑块向支撑面所施加的摩擦力。

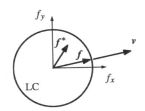

图 6-13　一个点滑块的极限曲线。改编自（Goyal 等人，1991）

对于我们的点滑块，我们可以将库仑定律表述如下：

滑动：$f \| v$，并且 $|f| = \mu f_n$，其中 μ 为摩擦系数，f_n 为支持力。

粘滞：$|f| \leqslant \mu f_n$。

我们可以推导出库仑定律的一个等效图形表示。考虑所有可以由点滑块施加的摩擦负载所组成的集合；该集合是一个由所有通过该点且幅值不超过 μf_n 的力组成的圆盘。该集合处于由一个位于力空间原点且半径为 μf_n 的圆所定义的界限之内，我们定义其为极限曲线（Limit Curve）LC，参见图 6-13。现在我们可以说摩擦负载 f 必须要满足最大功率不等式（maximum power inequality）：

$$\forall_{f^*\in\text{LC}}\ (f - f^*)\cdot v \geqslant 0 \tag{6.26}$$

换言之，运动 v 生成了一个在 v 方向处于极值的负载。

更显著的是：我们注意到当发生滑动时，负载 f 处于极限曲线之上，并且运动 v 在 f 处与极限曲线正交。

现在我们考虑对滑块下方的支撑区域进行扩展。令 r 在整个支撑区域内变化，并在每个 r 点处建立一个极限曲线 LC(r)，使得在各点处最大功率不等式成立：

$$\forall_{f^*(r)\in\text{LC}(r)}\ \big(f(r) - f^*(r)\big)\cdot v(r) \geqslant 0 \tag{6.27}$$

现在令 p 为总的摩擦负载力旋量：

$$p = \begin{pmatrix} f_x \\ f_y \\ n_{0z} \end{pmatrix} = \sum_r \begin{pmatrix} f_x(r) \\ f_y(r) \\ r \times f(r) \end{pmatrix} \tag{6.28}$$

并令 q 为速度旋量：

$$q = \begin{pmatrix} v_{0x} \\ v_{0y} \\ \omega_z \end{pmatrix} \tag{6.29}$$

现在，对于某个给定的运动 q，令 $f(r)$ 为一个满足库仑定律的摩擦负载分布，并令 $f^*(r)$ 为某任意分布，它仅满足在各 r 点处的约束，$f^*(r)$ 在对应的极限曲线之上：

$$\forall_r f^*(r) \in \text{LC}(r) \tag{6.30}$$

令 p 和 p^* 分别为对应于 $f(r)$ 和 $f^*(r)$ 的总摩擦负载力旋量。现在，我们可以用两种方式中的一种来描述 $f(r)$，得到方程：

$$p \cdot q = \sum_r f(r) \cdot v(r) \tag{6.31}$$

类似地，我们可以写出：

$$p^* \cdot q = \sum_r f^*(r) \cdot v(r) \tag{6.32}$$

取两者差值，得到：

$$(p - p^*) \cdot q = \sum_r \big(f(r) - f^*(r)\big) \cdot v(r) \tag{6.33}$$

由于在每个点 r 处都必须满足最大功率不等式，方程右手边的求和运算中的各项都是非负的。因此，我们得到了总摩擦负载力旋量的最大功率不等式：

$$(p - p^*) \cdot q \geqslant 0 \tag{6.34}$$

总而言之，要找到真正的摩擦负荷，我们可以用满足"在各 r 点处负载幅值必须不超过 $\mu f_n(r)$"这一约束的全部负载所组成的集合作为开始，然后选择一个能够产生最大功率的分布。

当滑块不动时，任何负荷分布 $f^*(r)$ 都是可能的，只要保证满足"在各点处的负荷大小必须不超过 $\mu f_n(r)$"这一约束。构造由全部可能的摩擦负载力旋量 p^* 组成的集合，并定义极限曲面（limit surface）为该集合的表面。那么，我们可以总结最大功率不等式如下：滑动过程中，在极限曲面的全部力旋量中，摩擦负载力旋量所产生的功率最大。因此在滑动过程中，总的摩擦负载力旋量 p 在极限曲面之上，并且速度旋量与极限曲面在 p 处正交。

136

我们不加证明地陈述极限曲面的几个性质。极限曲面是闭合的、凸的，并且包含力旋量空间的原点。它是关于原点反射对称的。它在 f_x 和 f_y 平面内的正交投影是半径为 $\sum \mu f_n$ 的圆。

如果各处的压强分布都是有限的，即，不存在离散的支撑点，那么极限曲面是严格凸的，并且从速度旋量到摩擦负载力旋量的映射是一对一的。

更有趣的情形涉及离散的支撑点。如果存在这样的点，那么在极限曲面上将有平坦的小面。在这样一个小面上，几个不同的负载可以产生相同的运动——围绕离散支撑点的旋转。

当支撑区域 R 退化为一条直线或者直线的子集时，会出现一种更为有趣的情况。在这种情况下，极限曲面不再光滑。在极限曲面的一个顶点处，几种不同的运动能够产生相同的摩擦负荷。这对应于那些旋转中心与所有支撑点共线的运动。

极限曲面的用途远远超出了我们这里所描述的情形。它适用于一些非各向同性（non-isotropic）的摩擦定律，如溜冰鞋或棘轮。它使我们对滑块的动力学运动有所启发，并且我们将看到它为准静态操作的力学机制提供了启发。

例：两点支撑

图 6-14 示出了仅有两个支撑点的一个平面滑块，一个杠铃（barbell）。我们假设杠

铃的重量在两个支撑点上平均分配。图 6-15 示出了对应的极限曲面，它是通过下列步骤
构建出来的：

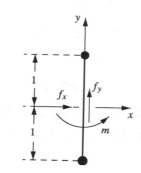

图 6-14　滑动的杠铃源自（Goyal 等人，1991）

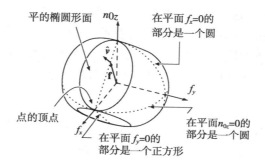

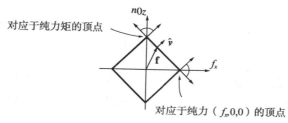

图 6-15　杠铃的极限曲面（源自（Goyal 等人，1991））

1）构建由源自支撑点 a 的全部力负载组成的极限曲面 LS_a。如果点 a 位于原点处，
该曲面将是平面 $n_{0z}=0$ 内的一个圆盘。但由于 a 不在原点处，LS_a 是平面 $n_{0z}-f_x=0$ 内的一
个椭圆形的圆盘。

2）类似地，构建极限曲面 LS_b。它也是一个椭圆形的圆盘，此时位于 $n_0+f_x=0$ 平
面内。

3）所需的极限曲面是 LS_a 和 LS_b Minkowski 之和。换言之，它是集合 $\{w_a + w_b \mid w_a
\in LS_a, w_b \in LS_b\}$。

杠铃的极限曲面说明了极限曲面的很多性质。极限曲面上存在四个平的面，这些平面上的摩擦负载可能发生变化但法向负载保持不变。这意味着许多不同的负载会映射到单个运动上，这种情况发生在杠铃绕其中的一个支撑点转动时。极限曲面上有四个这样的面，它们分别对应于两个不同的支撑点以及两个可能的旋转方向。 138

极限曲面上也存在四个顶点，这些顶点处的摩擦负载保持不变而法向压力可能发生变化。这意味着许多不同的运动会映射到单个摩擦负荷上，当围绕与两个支撑点共线的一个点旋转时，会发生这种情况。

别处的极限曲面则是光滑的且是严格凸的，所以负载 – 运动之间的映射是一对一的。

6.7　文献注释

许多工程力学课本中都有很好的关于库仑摩擦的介绍。（Gillmor，1971）和（Truesdell，1968）提供了很多关于库仑、Amontons 和达芬奇等人有趣的历史记录。（Simunovic，1975）首次使用摩擦锥来分析轴孔装配问题。（Erdmann，1984）首次在力旋量空间中构建复合摩擦锥。（Prescott，1923）和（MacMillan，1936）推导了平面滑动时力和力矩的表达式，并引入了摩擦中心这一概念。本章中关于平面滑动的特别处理出自（Mason，1986）。极限曲面出自（Goyal，1989；Goyal、Ruina 和 Papadopoulos，1991）。对于与极限曲面有关的实验验证、应用以及近似等，参见（Howe 和 Cutkosky，1996）。

习题

6.1：使用力矩标记方法和对偶力方法来分析管道夹具问题：求解接触力的可能合成，并表征那些可以取得平衡的负载力集合。

6.2：使用力矩标记和对偶力方法来分析图 6-16 中的两个问题。一个物块位于一个固定托盘的角落里，你需要确定可以由盘边缘施加到物块上的所有力旋量的集合。摩擦系数为 1。如果你感到困惑，通过采用较小的摩擦系数使问题变得简单，然后思考当 μ 趋近于 1 时候的极限情况。不要忘记寻找在无限远处的交叉点。

图 6-16　习题 6.2 中的问题：两个位于角落处的物块

6.3：重力场中，图 6-17 左图中的一个平面矩形在倾斜桌子以及一个额外接触的作用下静止。此时是否存在一个静平衡？使用力矩标记方法来分析。如果它是不稳定的，求解可以使其稳定的手指位置，或者证明此种位置不存在。

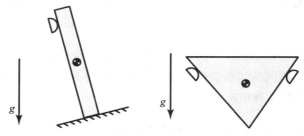

图6-17　习题6.3和习题6.4中的平衡问题

6.4：图6-17右图中三角形在两个手指的作用下静止。给定存在静平衡这一大前提，求解摩擦系数的下界。物体上仅有接触力和重力作用。

6.5：在习题5.7中，你构建了一个三角形的所有接触法线的对偶力表示（之字形轨迹）。它对应于一个可以由单个无摩擦接触所施加的全部力旋量组成的集合。对于本练习，构建可以由单个接触施加到同一三角形上的所有力旋量的对偶力表示，其中摩擦系数为0.25。

6.6：（Howe和Cutkosky，1996）观察到，在许多情况下，椭球是对一个平面滑块的极限曲面的一个很好近似。假设一个椭圆形的极限曲面具有下列形式：

$$\frac{f_x^2}{a^2} + \frac{f_y^2}{b^2} + \frac{n_{0z}^2}{c^2} = 1$$

a）证明$a=b$。

b）求解一个简单的闭式表达式，它可以将任意的速度旋量(v_x, v_y, ω_z)表示为f_x、f_y、n_{0z}、a以及c的一个函数。

c）求解一个简单的闭式表达式，它可以将摩擦负荷(f_x, f_y, n_{0z})表达为v_x、v_y、ω_z、a以及c的一个函数。

6.7：考虑图6-14中的杠铃，其重量为2N、并在两个接触点上均匀分布，摩擦系数$\mu=1$。重新绘制图6-15，沿轴线使用正确的标记，用来指示f_x、f_y以及n_{0z}的最大值。对于下面的每个微分运动旋量，计算其所对应的摩擦负载。如果有几个摩擦负载映射到给定的运动旋量，给该集合一个简洁而准确的描述。

a）$(v_x, v_y, \omega_z) = (1,0,0)$

b）$(v_x, v_y, \omega_z) = (0,1,0)$

　　c）$(v_x, v_y, \omega_z) = (0,0,1)$

　　d）$(v_x, v_y, \omega_z) = (1,0,1)$

6.8：考虑一个餐盘，其全部重量 w 均匀分布在一个以原点为圆心半径为 1 的圆环上。其摩擦系数为 0.25。由于圆盘的对称性，其极限曲面为圆形对称，并且可由其与 $f_x - n_{0z}$ 平面的交集来完全表征。

　　a）重写式（6.24）和式（6.25）以给出摩擦负荷（即，处理正负符号变化），并给出长度为 dl 而非面积为 dA 的一个微分单元。

　　b）绘制极限曲面与 $f_x - n_{0z}$ 平面的交集。你可以通过对上面得到的公式做数值积分而生成一个这样的图，其中 $v_y = 0$，v_x/ω 变化。

6.9：我们在前面已经注意到了冰箱围绕其脚发生转动的倾向。使用极限曲面的性质来解释这一现象，即，解释为什么平面滑块趋向于绕压强无限大的点转动。

139
～
141

准静态操作

本章介绍了几种不同的操作任务：抓取（grasping）和夹具固持（fixturing）、推（pushing）、零件定向（orienting）和机械装配。我们使用一种被称为准静态分析（quasistatic analysis，也可称为准静力学分析）的方法对每个任务进行分析，这意味着在接触力、引力以及其他作用力之间寻找平衡，其中忽略惯性力。对于通常在操作任务中遇到的速度和物体大小而言，这种方法可以说是非常准确的；但是当动态力开始发挥作用的时候，这种方法将会失效。

7.1　抓取和夹具固持

抓取和夹具固持是"如何固定物体"这一操作中最根本问题的两种变体。抓取是将物体固定在手里，夹具固持则是绝对固定。每个问题都有其他重要方面，但我们将重点放在如何固定物体上。

我们最常用工具中有一些是通用夹具。例如一个具有水平表面的桌子，它在重力和摩擦力的协助下可以固定各种物体。此外，我们最常见的物体多是为实现夹具固持而设计的。例如，最常见的铅笔的横截面为六边形，其目的大概是为了防止滚离桌面。

固定物体是在整本书中不断重复提起的一个话题。在第 2 章中，我们介绍了 Reuleaux 方法来分析运动学约束。在第 3 章中，我们使用接触旋量推导出了物体运动旋量坐标上的不等式。在第 5 章中，我们介绍了力矩标记和对偶力方法。在本节中，我们将所有这些方法集成在一起来深入解决问题。

让我们从一些定义开始。

定义 7.1：力封闭（force closure）：接触点可以在物体上施加一个任意的力旋量。

这与我们先前的定义一致。先前定义力封闭为"所有可能力旋量覆盖整个力旋量空间"这种情形。

定义 7.2：形封闭（form closure）：物体处于位形空间中的一个孤立点。

换言之，与之相近的每个位形都将导致碰撞。我们加入形封闭的定义是出于完整性的原因。对形封闭的更全面的处理超出了本书的范畴，这里我们将只处理一阶形封闭。

定义 7.3：一阶形封闭（first order form closure）：每个非零速度旋量都与某接触旋量反向。

换言之，即使我们使用速度旋量去近似每个接触约束，也不存在任何的运动可能性。

定义 7.4：平衡（equilibrium）：接触可以平衡物体的重量以及其他外力。

我们不会为稳定（stability）提供一个正式定义，它是适用于多种不同方法的一个术语。例如，考虑一个动态系统，它包括物体、一个灵巧手以及用于确定手指关节力矩的控制系统。稳定性将解决这个动态系统的渐近性能，它明显超出了本章以及本书的范畴。然而，在 7.3 节中我们将准静态方法应用于解决推动操作的稳定性。

力封闭、形封闭以及一阶形封闭之间存在什么关系呢？首先要注意的是：一阶形封闭相当于无摩擦的力封闭。在这两种情况下，我们考虑接触法线的正生成空间是否能够覆盖力旋量空间。容易得知形封闭比一阶形封闭和无摩擦的力封闭都要严格。

形封闭和力封闭之间的关系更为有趣。通过示例，图 7-1 表明：形封闭并不意味着力封闭，而力封闭也并不意味着形封闭。

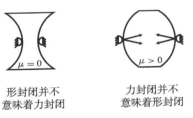

形封闭并不　　　　力封闭并不
意味着力封闭　　　意味着形封闭

图 7-1　形封闭和力封闭之间的关系示例

144

对于我们选择的任何标准，都需要考虑以下三个问题：

1）分析（analysis）：给定一个物体、一组接触和其他可能信息，确定哪种封闭适用。

2）存在性（existence）：给定一个物体以及在允许接触上的某些可能约束，是否存在一组接触可以实现封闭？

3）综合（synthesis）：给定一个物体以及在允许接触上的某些可能约束，寻找一组合适的接触。

我们在前面的章节中探讨了分析问题。对于力封闭，我们来查看摩擦锥（6.4 节）的正线性生成空间，并检查它是否覆盖整个力旋量空间。对于一阶形封闭，我们检查接触法线（5.3 节）的正线性生成空间。

我们如何解决存在性的问题呢？回想一下"之字形轨迹"，它给出了一个给定物体的所有接触法线的集合。我们可以构造所有这些接触法线的正线性生成空间，来回答关于一阶形封闭或无摩擦力封闭的存在性问题。对于有摩擦的力封闭，我们将取一切可能的摩擦锥（习题 6.5）的正线性生成空间。存在性即为"生成的凸锥是否能够覆盖整个力旋量空间"这一问题。

是否存在一些无法形成力封闭抓取的形状呢？有几个，它们可以通过查看图 2-21 中的低副来描述。由于我们仅对有界形状感兴趣，能够满足要求的是回转副以及球形副。

定理 7.1：*对于任何不是回转表面的有界形状，存在力封闭（或一阶形封闭）抓取。*

证明：见（Mishra 等人，1987）。

合成

最具挑战性的问题是合成：给定一个对象，如何构建抓取过程？我们从下面一个非常简单的算法开始。如果在去掉某个手指之后不会减小所有手指的正线性生成空间，我们就认为这个手指是冗余的。

```
procedure GRASP // GRASP（抓取）程序
    put fingers "everywhere" // 将手指放置于"各个地方"
        while redundant finger exists // 在此同时，可能存在冗余手指
            delete any redundant finger // 删掉任何冗余手指
```

其思路是对物体的边界进行非常密集的采样，从而使我们能够以一个大的但是有限的接触集合作为开始。除非物体是一个无摩擦的回转体表面，否则该物体将会处于力闭合，并且大多数接触将会是冗余的。现在我们每次丢弃一个冗余接触，直至集合里不再有冗余接触。

很明显，除非我们以一个回转面作为开始，否则这个算法将生成一个力封闭的抓取。问题是生成的抓取质量究竟如何？这立即引出另一个更为基本的问题：如何衡量抓取的质量？我们在这里只考虑将会生成多少个接触。我们已经知道（定理 5.6），平面内一个无摩擦的力封闭抓取至少需要 4 个接触，而在三维空间内则至少需要 7 个接触。一般说来，我们可能期望 GRASP 程序只在剩余 4 个或 7 个接触的时候终止，但在某些不幸的情况下，该算法终止时会存在更多个接触。

定理 7.2 斯坦尼茨定理（Steinitz's theorem）：*令 X 为 $\mathbf{R}^d$ 中的一个点集，其中的某个点 p 位于 X 的凸包内部。那么，X 存在某个子集 Y，其中包括 $2d$ 个点或更少，使得点 p 处于 Y 的凸包内部。*

我们可以在力旋量空间中应用 Steinitz 定理。如果我们从一组力旋量开始，其正线

性生成空间覆盖整个力旋量空间，那么原点处于力旋量的凸包内部（定理 5.5）。根据 Steinitz 定理，这些力旋量存在一个子集，其数量为 $2d$ 或更少，该子集的正线性生成空间仍可覆盖整个力旋量空间。

定理 7.3：对于任何一个不是回转面的表面，GRASP 程序将生成一个抓取，在平面内其最多有 6 个手指，而在三维空间内其最多有 12 个手指。

对于一个平面抓取而言，6 个手指好像很多。图 7-2 给出了这样一个不成功的抓取。（图 5-19 列举了所有类似的例子）。即使我们知道，对于矩形而言存在一个具有 4 点接触的抓取，GRASP 程序将会在得到一个具有 6 点接触的抓取后停止。删除这 6 个接触点中的任何一个都将破坏抓取的封闭性。然而，如果我们扰动这 6 个触点以消除几何上的重合，抓取可以减少至 4 个触点。

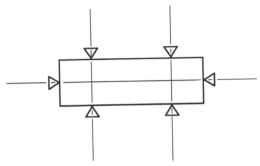

图 7-2　一个具有 6 个接触点的例子，去掉其中的任何一个接触点都无法构成无摩擦的力封闭

我们已经看到，理想化的抓取和夹具固持（通过在刚体上施加固定的接触），具有一个基于力旋量空间的整洁理论基础。但是，我们仅触及问题的表面而已。抓取和夹具固持规划是一个活跃的研究领域，其中有很多有趣的问题。本章结尾的参考文献注释部分描述了其中的一些问题。

7.2　推

推涉及一个平面滑块（slider）和一个推进器（pusher），其中给定推进器的运动，它通过与滑块接触来移动滑块。该问题中需要解决两个摩擦接触问题。第一个是滑块和水平表面之间的平面摩擦接触，可以应用 6.6 节中的分析。第二个是滑块和推进器之间的摩擦接触，对此我们将假设它也服从库仑定律。此外，它们还可能与场景中的其他物体之间存在摩擦接触，但我们将专注于相对简单的问题。在本节中，我们假设推进器与滑块之间为单点接触。在下一节中，我们探索使用线线接触来推动滑块的问题。

推这种操作方式比你可能意识到的更为常见。这里给出一些例子：

- 为了拾起由于尺寸过小或数目过多而无法轻松抓取的物体（例如一把小米），你可以先将它们扫到桌子边缘，然后再扫到你的另一只手中。
- 为了移动由于过于笨重而无法抓取的物体（例如当你重新布置家具的时候），你可以去推它们。
- 制造自动化系统频繁地使用推这种操作。通常情况下，传送带常与导轨组合起来被用在这样的一个系统中去移动物体。

推这种操作是用来降低或消除任务空间中不确定性的一种好方法。图 7-3 给出了一些例子：跨越传送带对箱子进行定向的一个围栏，以及一个用于对被抓物体进行定向和定心的抓取操作。这两个例子在很大程度上都取决于推的力学原理。

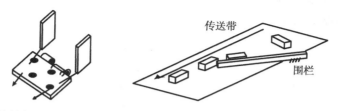

图 7-3　关于推的例子：在抓取过程中对一个物体进行定向和定位，通过悬挂在传送带正上方的围栏来对箱子进行定向操作

它向哪边转

正如在 6.6 节中观察到的那样，通过单点接触而被推动的物体，其运动通常是不确定的。尽管存在这种不确定性，有时或许能够预测运动的定性特征，包括物体是否会旋转以及向哪个方向转。

定义 7.5：我们定义下列有向直线：

- **推进线**（line of pushing，也可称为推速线）穿过接触点，并处于推进器的速度方向上。
- **运动线**（line of motion）穿过接触点，并处于被推物体的速度方向上。

对于图 7-4 中的几个不同例子，图中示出了推进线 l_P 和运动线 l_M。图中还示出了摩擦锥的左边缘 l_L、右边缘 l_R 和力线 l_F。注意到摩擦锥和推进线是由接触的几何形状、推进器的运动和摩擦系数所决定的。然而，运动线和力线却并不那么容易预测。对于每种接触模式，施加在运动线和力线上的约束可陈述如下：

- 分离（separation）。物体只是静止在那里。不存在力线和运动线。
- 固定（fixed）。运动线与推进线重合：$l_P=l_M$，力线处于摩擦锥的左右边缘之间。
- 向左滑动（left sliding）。运动线处于推进线的左侧，力线与摩擦锥的右边缘重合：$l_F=l_R$。

● 向右滑动（right sliding）。运动线处于推进线的右侧，力线与摩擦锥的左边缘重合：$l_F = l_L$。

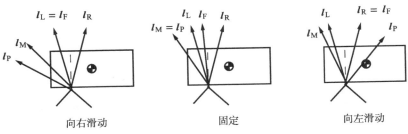

图7-4　射线之间的可能关系：推进线 l_P、运动线 l_M、摩擦锥的左右边缘 l_L 和 l_R 以及力线 l_F

（这些问题中的一个棘手之处在于要记住哪个方向是左以及哪个方向是右。由于推进器的运动已给定，我们将它作为参考，因此，"向左滑动"是指滑块相对于推进器向左滑。用于记忆的最简单方法是回顾库仑摩擦力阻碍运动这一事实——向左滑动意味着力线与摩擦锥的右边缘重合，反之亦然。）

本节的主要结果是要表明：可以通过摩擦中心与三条线（l_P、l_L 和 l_R）之间的关系来确定旋转方向。但我们必须要通过一种迂回的方式来达到该目标：通过探索与其他两条线（l_M 和 l_F）的关系。为此，我们首先介绍一些术语。如果旋转的正负符号必须与直线 l 相对于摩擦中心的力矩符号一致，我们称这条有向直线 l 决定（dictate）了旋转方向。类似地，如果旋转的正负符号必须与大多数相关力矩相一致，我们称这三条线对旋转方向进行表决（vote）。

定理7.4：在准静态条件下推动平面中的一个刚体，其中摩擦系数均匀，运动线决定了旋转方向。

证明：如图7-5所示，将原点选在接触点处，并选择坐标系使其 y 轴与运动线 l_M 重合。那么，旋转中心必须处于 x 轴上，我们可以写出 $r_{IC} = (x_{IC}, 0)^T$。注意到 x_{IC} 可以选择正负 x 轴上的任意值，也可处于无限远的直线上，但是不能为零。现在，考虑摩擦力相对于原点的合力矩，将其作为 x_{IC} 的一个函数：

$$m_f(x_{IC}) = -\mu \operatorname{sgn}(\dot{\theta}) \int_R \boldsymbol{r} \cdot \frac{\boldsymbol{r} - \boldsymbol{r}_{IC}}{|\boldsymbol{r} - \boldsymbol{r}_{IC}|} p(\boldsymbol{r}) \mathrm{d}A \tag{7.1}$$

146
~
149

这一问题的解可通过寻找一个能够使推力和摩擦力相平衡的 x_{IC} 取值而得到。由于推力作用线通过原点，因而它相对于原点的力矩为零。因此解 x_{IC} 即为下列方程的根：

$$m_f(x_{IC}) = 0 \tag{7.2}$$

上述方程的根取决于压强分布 $p(\boldsymbol{r})$，而该压强分布是不确定的。不过，函数 $m_f(x_{IC})$ 具有的一个结构能够使我们无需求解 x_{IC} 的一个特解便可证明定理。随着 x_{IC} 从小的正值变化到无穷，然后趋近于小的负值，函数 $m_f(x_{IC})$ 连续变化，如图 7-5 所示。我们可以取其导数：

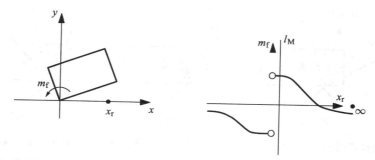

图 7-5　为证明定理 7.4 而使用的坐标系，其 y 轴与运动线 l_M 重合。将摩擦力矩作为关于瞬心（IC）位置的一个函数来分析，从而得到证明

$$\frac{d}{dx_{IC}} m_f(x_{IC}) = -\mu \mathrm{sgn}(\dot\theta) \int_R \boldsymbol{r} \cdot \frac{d}{dx_{IC}} \frac{\boldsymbol{r} - \boldsymbol{r}_{IC}}{|\boldsymbol{r} - \boldsymbol{r}_{IC}|} p(\boldsymbol{r}) dA \tag{7.3}$$

简化得到

$$\frac{d}{dx_{IC}} m_f(x_{IC}) = -\mu |x_{IC}| \int_R \frac{y^2}{|\boldsymbol{r} - \boldsymbol{r}_{IC}|^3} p(\boldsymbol{r}) dA \tag{7.4}$$

[150] 其中，$\boldsymbol{r} = (x, y)^T$。注意到被积量是正值，因此 $m_f(x_{IC})$ 的导数永远是负值——该函数单调递减。

当 x_{IC} 分别从正方向和负方向趋近于零时，我们也可以取函数 $m_f(x_{IC})$ 的极限：

$$m_f(0+) = \mu \int_R |\boldsymbol{r}| p(\boldsymbol{r}) dA \tag{7.5}$$

$$m_f(0-) = -\mu \int_R |\boldsymbol{r}| p(\boldsymbol{r}) dA \tag{7.6}$$

最后，我们可以确定 $x_{IC} = \infty$ 时 m_f 的取值。这是纯平移的情形。使用定理 6.1，我们有

$$m_f(\infty) = -\mu \int_R x p(\boldsymbol{r}) dA \tag{7.7}$$

$$= -\mu f_0 x_0 \tag{7.8}$$

这个信息已经足够确定解 x_{IC} 是否处于正 x 轴、负 x 轴或是无限远。假设运动线相对于摩擦中心的力矩为正，那么，$x_0 < 0$、$m_f(\infty) > 0$。根据中值定理，$m_f(x_{IC})$ 的根必须在负 x 轴上，所以旋转必须为正。同样，如果运动线相对于摩擦中心的力矩为负，那么旋转必须为负。如果运动线穿过摩擦中心，将会产生一个纯平移。∎

想必读者此时会很奇怪，为什么我们不能用一个简单的力平衡来解决问题呢？事实

上，该方法的基础是力平衡，但由于压力分布未知，所以该方法并不直接。读者可能也会想是否可以采用一些变分方法——该解是否可以使功最小化。事实上，可以表明该解使得消耗在滑动摩擦上的能量最小化，如本章末尾文献注释中的讨论。对于眼下的目标而言，我们将使用更为简单的方法。

定理7.5：在准静态条件下推动平面中的一个刚体，其中摩擦系数均匀，力线决定了旋转方向。

正式证明参见（Mason，1986）。下面介绍一种替代方法，考虑6.6节中介绍的极限曲面。如果我们把摩擦中心选在原点，那么极限曲面与水平 ($f_x - f_y$) 平面相交于一个圆，那里的极限曲面法线也在水平 ($v_x - v_x$) 平面内。根据极限曲面的凸性，上半部分的法线往上指而下半部分的法线往下指。正旋转对应力矩为正的摩擦负载，负旋转对应力矩为负的摩擦负载。这与定理内容等效。

现在，我们可以证明主要结果。

定理7.6：在准静态条件下推动平面中的一个刚体，其中摩擦系数均匀，旋转方向由推进线和摩擦锥的左右边缘这三条有向直线的表决结果来决定。

证明：最简单的情况是摩擦锥的两个边缘一致，当摩擦中心位于摩擦锥之外时会出现这种情况。由于力线落入摩擦锥内，它决定了旋转方向（定理7.5），则容易证明定理。

当摩擦锥的边缘不一致时，会出现更有趣的情况。我们将考虑图7-6中的这样一种情况，其他情况与之类似。在图中，l_L 表决为 −、l_R 表决为 +、l_P 表决为 −，大多数表决为 −。我们将假设旋转为正，而后推导出矛盾。由于 l_P 表决为 −，因而它处于摩擦中心 r_0 的左方。由于旋转为正，定理7.4 表明 l_M 位于 r_0 的右方。这意味着 l_M 位于 l_P 的右方，从而给出向右滑动的接触模式。向右滑动

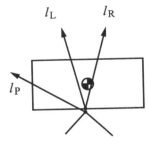

图7-6　定理7.6的证明中所分析的情况

要求力线 l_F 处于摩擦锥左侧边缘 l_L 之上。定理7.5 则表明力线决定旋转方向——方向必须为负，这与我们先前的正转假设矛盾。我们得出的结论是必须为负旋转或零旋转（平移），但平移这个结果很容易排除，因而必须为负方向旋转。

定理7.6 在分析诸如图7-3中的抓取和定向任务时特别有用。在7.4 节中，我们将返回零件定向任务。接下来，我们首先转向使用边接触来稳定地推动物体这一问题。

7.3　稳定的推进

在上一节中，我们推导了与推有关的一些基本力学原理。在本节中，我们将推导一

些额外的理论和规划技术，帮助推进一个物体到达期望位置。

考虑一个简单的推进操作，如图 7-7 中的例子。为了保持对盒子的控制，机械手使用一个边到边的接触，并且它可以选择合适的动作以获得稳定的推进（stable pushing），这意味着在此过程中将保持边到边的接触。规划这样的一个操作涉及两个问题：第一，我们必须明确稳定的推进动作；第二，我们必须找到一条只使用这些动作的无碰撞路径。我们假定起始和目标的位形已经给定，滑块形状和摩擦中心已知，并且推进接触中的摩擦系数下界已经给出。问题是要为推进器和滑块寻找一条路径，使得：

- 在运动过程中，滑块相对于推进器的位置保持固定（稳定性）。
- 从起始到目标的整个路径都不会发生碰撞。
- 遵守推进器上任何额外的运动约束。例如，如果推进器是一个轮式移动机器人，我们必须使用那些不需要轮子侧向移动的运动。

图 7-7　使用一个移动机器人稳定地推一个盒子

我们将采用第 4 章所述的非完整系统规划（NHP），这样除输入外我们还需要指定一个成本函数。

主要的挑战是稳定性。移动机器人必须采用能够避免如图 7-8 中所示的两个问题的运动方案。如果机器人采用错误的运动方式，滑块可能滑离或滚离推进器。问题是什么样的机器人运动将会生成稳定的推进呢？为了解决这个问题，我们需要引入一些结果来限定被推物体可能的旋转瞬心。我们将推导开发三个界限，当把它们组合起来时将足以产生稳定的推进动作。

153

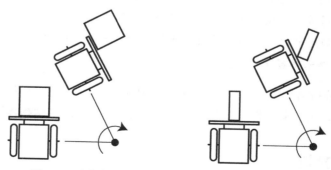

图 7-8　两种失效模式：盒子可以滑离或滚离推进器

7.3.1 Peshkin 界限

如图 7-9 所示，有些物体倾向于迅速转动，有些则不是。粗略来讲，压强分布较广的物体转动较慢。当然，施加的作用力的力矩越大，物体转动的趋势越大。Peshkin 界限解决了这两个效应，它将物体的转动倾向与作用力臂和压强分布半径之差联系在一起。

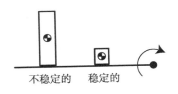

图 7-9　不同的物体可以以不同的速度稳定旋转

为了推导这个界限，我们按下列方式继续进行：

1）围绕滑块外接一个圆盘，将摩擦中心作为圆盘中心。图 7-10 中给出了一个圆盘例子以及所施加的作用力旋量。试想一下为该圆盘生成所有可能的压强分布，并绘出对应的旋转瞬心。那么，结果将得到与给定作用力旋量相一致的可能瞬心轨迹。

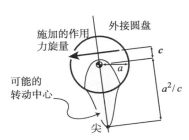

图 7-10　对于给定的作用力旋量以及被限制于圆盘内的压强分布，瞬心将位于阴影区域内某处

2）对于作用力旋量如图 7-10 所示的一个推动操作，轨迹尖端将使物体产生最慢的旋转。令 a 为圆盘半径，令 c 为所施加的作用力旋量的力臂。那么，轨迹尖端将处于距离摩擦中心 a^2/c 的地方。有趣且有用的是：从力旋量到轨迹尖端的映射是为大家所熟悉的对偶力映射的一个变种。如果我们将圆盘半径 a 选为单位长度，图 5-15 中的对偶力构造描述了圆盘的行为。

3）现在假设我们正在使用一个单点接触来推动滑块。我们知道施加的力旋量通过该接触点，但是并不知道它的作用方向。将对偶力映射用于接触点，将会生成轨迹尖线（tip line），如图 7-11 所示。

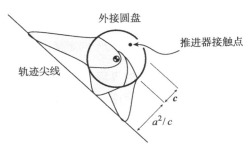

图 7-11　随着我们改变力线的角度，可能瞬心的轨迹也会发生改变，从而使其尖端扫出一条轨迹尖线

这给出与可能滑块运动相关的一个有用界限，我们将称它为 Peshkin 界限：

给定一个滑块，围绕该滑块有一个以摩擦中心为圆心的外接圆盘，物体的瞬心必须落入与接触点对偶的轨迹尖线之内。

（实际上，瞬心轨迹确实向轨迹尖线外侧略微凸起，所以轨迹尖线应被看作一条略模糊的线。）

我们如何知道 Peshkin 界限是一个真正的界限？ Peshkin 研究过双脚架（dipods）：其压强分布只涉及两个支撑点。图 7-10 和图 7-11 中的瞬心轨迹边界是由双脚架产生的。Peshkin 推测，作用在圆盘上的每个压强分布都将会在双脚架界定的范围内产生一个瞬心，并且他用下列方式来支持这一猜想：随机产生大量的压强分布，发现其中没有一个分布会超过由双脚架界定的范围。Peshkin 猜想尚未得到证实，但从没有人找到一个反例。因此，Peshkin 界限附带一个有趣的保障：如果该方法失败的话，你可以获得发现 Peshkin 猜想反例第一人的荣誉。

7.3.2 "平分线"界限

图 7-12 中给出了平分线界限（bisector bound）：

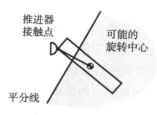

图 7-12   平分线界限：无论支撑压强如何分布，瞬心必须处于阴影区域之内

给定一个接触点和摩擦中心，构建垂直平分线。瞬心必须位于被分隔的半平面内。平分线界限与 Peshkin 的轨迹尖线平行，因而它们共同定义了对可能瞬心进行限定的一条带。

平分线界限平行于 Peshkin 的轨迹尖线，所以它们一同定义了一个界限可能瞬心的带。

我们怎么知道平分线界限是一个真正的界限？事实上没有任何证明曾经被出版过。Randy Brost 和 Matt Mason 在 1986 年的一篇论文里用到了这个界限，但其中并没有包括证明。关于证明的一些建议，参见习题 7.6。

7.3.3 "竖直带"界限

图 7-13 给出了与瞬心相关的另一个有用界限，称为竖直带界限（vertical strip bound）：

瞬心到作用线的垂直投影，必须落在滑块支撑区域的投影之内。

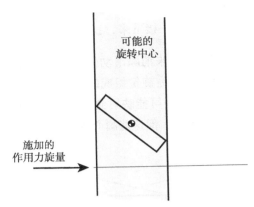

图 7-13　竖直带界限：不管支撑压强如何分布，瞬心必须处于阴影带内

我们怎么知道竖直带界限是真的界限呢？假设将一个力旋量施加到一个平面滑块上。我们选择一个坐标系，其 x 轴沿作用线的方向。假设支撑区域被限制在竖直带 $x_1 \leq x \leq x_2$ 之内。那么，竖直带界限要求旋转的瞬心必须在同一个带内。考虑如图 7-14 中所示的情形，旋转中心处于竖直带左侧，旋转方向为负。那么，每个可能的支撑点将具有 y 方向上的负速度分量，因此根据库仑定律，每个可能的支撑点将具有 y 方向上的正力分量。对整个支撑区域积分，将会给出一个在 y 的正方向上的力分量，这无法平衡所施加的力旋量。其他情况与此类似。

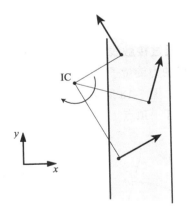

图 7-14　竖直带界限的证明。阴影区域以外的瞬心产生了一个无法与给定力旋量相平衡的竖直力分量

7.3.4　计算稳定的推进动作

现在我们考虑如何使用这三个界限（Peshkin 界限、平分线界限和竖直带界限），来求解能够产生稳定推动的一组推进动作。

考虑图 7-8 中的可能失效模式。注意到如果滑块与推进器之间产生滑动，那么施加的力旋量必须处于摩擦锥的左边缘或右边缘。还要注意，如果滑块在推进器上滚动，施加的力旋量必须通过左顶点或右顶点。接下来，我们考虑如何消除这些可能的失效模式。

首先，我们可以使用竖直带界限来消除滑动失效模式（图 7-15 和图 7-16）。我们考虑所有能够从方向上满足库仑定律的力旋量组成的集合。滑动对应于位于摩擦锥左右边缘的力旋量子集。图 7-15 所示为那些可能映射到摩擦锥左右边缘的瞬心。图 7-16 所示为那些可能映射到摩擦锥内部的瞬心，但这些瞬心绝对不会映射到摩擦锥的任一边缘。

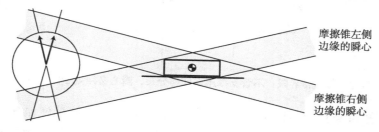

图 7-15　摩擦锥左右边缘所对应的瞬心

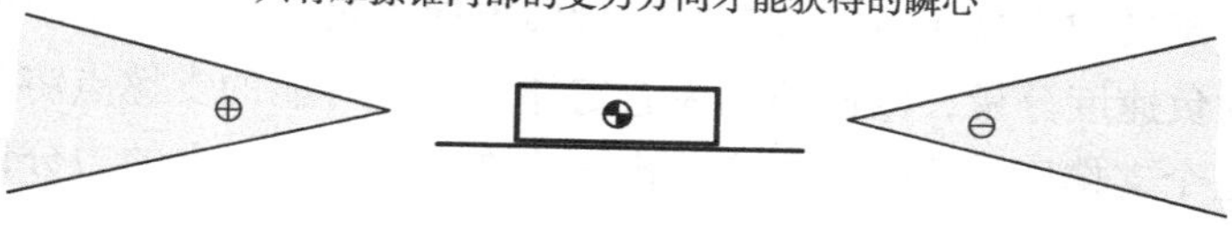

图 7-16　只有摩擦锥内部的受力方向才能获得的瞬心

现在，我们可以使用 Peshkin 界限和平分线界限来消除滚动失效模式（图 7-17 和图 7-18）。我们考虑所有作用线通过接触线段的力旋量的集合，无论其方向如何。滚动对应于位于接触线段的左右顶点的力旋量子集。图 7-17 所示为那些可能通过接触线段的左右顶点而映射到作用线的瞬心。图 7-18 所示为那些可能通过接触线段内部而映射到作用线的瞬心，它们绝不会映射到任一顶点。

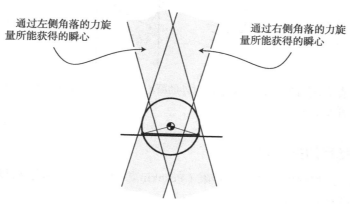

图 7-17　通过左右两侧角落的力旋量所能获得的瞬心

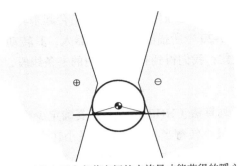

只能由两个角落之间的力旋量才能获得的瞬心

图 7-18   只能由两个角落之间的力旋量才能获得的瞬心

如果我们取图 7-16 和图 7-18 中瞬心的交集，将得到图 7-19。这些瞬心可能映射到在稳定推进过程中推进器可以施加到滑块上的一个力旋量，但绝对不会映射到失效模式。如果推进器使用这些瞬心中的一个，滑块运动时既不打滑也不滚动，即它必须以相同的瞬心运动，这给出一个稳定的推动操作。

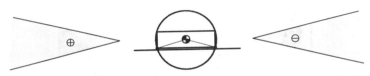

图 7-19   将图 7-16 和图 7-18 中的约束结合在一起会得到一组瞬心，由它们生成的力旋量
作用于两个角落之间或摩擦锥的内部，从而使滑动或滚动失效模式均不可能发生

上述构造可以表达得更为简洁，尽管会更加抽象。推进的几何结构和库仑定律定义了关于可能推力旋量的一个多面体凸锥。失效模式对应于多面体凸锥的边界，而稳定推动对应于多面体凸锥的内部。我们使用界限（bound）来构造所有可能映射到该多面体凸锥的瞬心，然后去除那些与多面体凸锥的边界（boundary）相一致的瞬心。任何剩余的瞬心必须映射到多面体凸锥的内部，而凸锥内部与滑动或滚动均不一致。

必须考虑到我们有过于保守的可能性。我们似乎有可能会消除所有的瞬心。也许对于每一个瞬心，我们可能会考虑，存在某些压强分布能将该瞬心映射到一个失效模式。幸运的是，对于合理选择的推动几何，实际情况并非如此。假设我们选择一个推动边缘，使得存在一个满足下列要求的作用线：它通过推动边缘，通过摩擦中心的内部，其方向处于摩擦锥之内。那么容易证明，该方向上的一个纯平移推动将会是稳定的。另外，上述构造可以保证返回一组瞬心，其中包括那个稳定的平移推动，以及一些可向左右两个方向旋转的瞬心（Lynch and Mason, 1996）。

7.3.5   规划稳定的推进轨迹

我们现在有一种方法，可用来求解那些将会产生稳定推进的瞬心，至少在某些情况下

160

如此。我们可以将这些约束与其他任何适用的约束结合起来，然后使用第 4 章中的方法来规划路径。例如，对于图 7-20 中所描绘的移动机器人，其转动中心必须位于机器人后轴上。与稳定推动约束取交集，我们得到有向平面内的一条线段，它对应于可行的稳定推动的旋转中心。

要应用非完整系统规划算法（NHP），我们需要确定少量的动作。这种情况下的选择较为容易：我们取向左的最小转弯半径、向右的最小转弯半径以及直行。结合合适的目标函数，NHP 将构建出如图 7-20 中所示的路径。

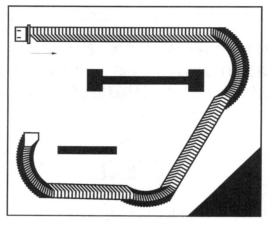

图 7-20   用于移动机器人推动多边形物体的一条自动规划路径（Lynch and Mason, 1996）

7.4   零件定向

本节介绍零件定向（orienting）和给料（feeding）的问题，并且将推动理论应用到该问题。

零件定向是自动化系统中的一个重要部分。第 1 章中描述了索尼 APOS 系统中采用的一种方法。图 7-21 中给出了更常见的一种方法：振动盘式给料器（vibratory bowl feeder）。零件被放置在料盘的底部，对料盘施加一种特殊形式的振动，会导致零件沿一个螺旋上升到轨道内壁的斜坡往上爬。随着零件沿着斜坡往上爬，零件必须通过不同的处理阶段，而这些处理阶段的设计仅允许处于期望方向的单个零件通过。

振动盘式给料器和 APOS 机器在灵活性（flexibility）方面提供了一个有趣的对比。灵活性是指一台机器可通过重构来制造新产品的难易程度。对于一个盘式给料器，从一个给定的需要定向的零件形状到造出一台正常工作的给料器，通常需要花费数周或数月的时间。对于 APOS 机器，通常只需一天到一星期的时间。从原则上讲，机器人可以表现出更大的灵活性。理想情况是：一个系统在定向新零件时，仅需要改变机器人的运动，而不需要对系统进行重新设计或重构。

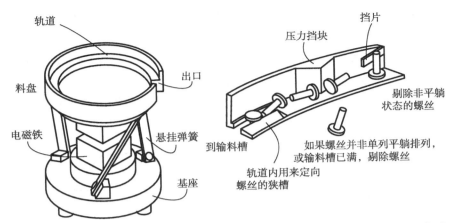

图 7-21　振动盘式给料器采用振动方式，在通过一系列障碍后将零件移送到轨道上
（Boothroyd, 1992）[⊖]

161
~
162

　　推是定位零件的一种好方法。使用一个支撑平面和一个平的推进器，相同的硬件可被用于多种类型的零件。这就引出了一个重要问题：对于一个给定零件，寻找可以将其定向的一组运动序列。我们将按照 Goldberg（1993）的工作，来解决该问题的一个简化版本，其中有下列假设：

　　1）形状：零件是一个隔离的刚性平面多边形，它处于一个支撑平面上。推进器是一个平的刚性板。

　　2）力：接触力遵循库仑定律，支撑平面内 摩擦系数均匀分布。

　　3）运动：推进器始终沿着其自身的表面法线方向移动（square pushing，正方推动）。零件仅与推进器的表面接触。每个推动都是连续进行的，直至达到一个稳定的方向。

　　4）准静态：接触力和重力之间的平衡足够精确地决定了零件的运动。

　　这些假设中最别扭的一个是：每个推动都连续进行，直至零件达到一个稳定的方向。从理论上讲，这可能需要一个任意长的推动。实际中，这可能会成为问题，也可能不会成为问题。

7.4.1　半径函数和推函数

　　正方推动（上述假设3）简化了对推的分析。回忆定理 7.6，物体的旋转方向是通过推进线和摩擦锥的两条边线的表决结果决定的。对于正方推动，推进线即接触法线，它将摩擦锥的两条边线分开，所以接触法线决定了旋转方向。

　　⊖　参考《装配自动化与产品设计》第 2 版的中译本，机械工业出版社。——译者注

要看到正方推动的结果，最简单的方法是通过被推物体的半径函数（radius
function）。我们把坐标系的原点放置于摩擦中心。现在考虑物体下方一条平行于 x 轴的
支撑线（与物体的边界而不是内部接触）。从原点到该支撑线的距离被定义为 0° 处的半
径（radius）。现在想象一下，支撑线在物体周围沿逆时针方向滚动。令支撑线的夹角为
θ，并定义半径函数 rad(θ) 为从原点到方向角度为 θ 的支撑线的距离，如图 7-22 所示。

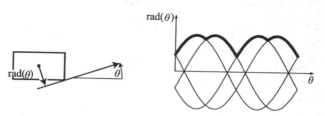

图 7-22 半径函数的符号和例子

注意半径函数容易作为一个正弦函数族中的最大值而构造出来，其中的每个正弦函
数对应于单个顶点的半径函数。

假设在上述构造中的支撑线是推进器。我们固定推进器的方向，并令物体旋转。需
要注意 θ 并不遵循我们测量物体方向时的常用惯例。它给出了推进器相对于物体的方
向，尽管此时移动的是物体。等效地，它是从推进器到被推物体沿顺时针测量的角度，
即常用惯例的相反数值。

现在我们调用定理 7.6，并且提出这样的问题：在什么样的 θ 取值处，表决结果会
发生变化？在正方推动的情况下，表决结果由接触法线决定。所以，摩擦中心什么时候
会从接触法线的一侧切换到另一侧？结果是在以下两种情况中会发生变化：当摩擦中心
与接触法线重合，这发生在半径函数的一个最大值处；或者当物体从一个顶点滚动到另
一个顶点，这发生在半径函数的一个最小值处。半径函数的最大值只会发生在一个独立
正弦函数个体的最大值处。通常情况下，半径函数的最小值只会发生在两个正弦函数的
交点，但是也有例外，参见习题 7.10。为简单起见，我们将假定独立正弦函数不会在任
何一个独立正弦函数个体的最大值处相交。如果想知道当我们去除这一假设会发生什么
情况，请参见习题 7.17 中的例子。

因此，定性地讲，半径函数就像是一个势函数。其峰值是不稳定的平衡点，其谷值
则是稳定的平衡点。我们可以定义一个推函数（push function）push(θ)（图 7-23）来描述
一个正方推动的效果：如果物体的初始方向角为 θ，函数 push(θ) 将返回物体在经历该正
方推动后得到的方向角 θ'。推函数是分段恒值的：半径函数 push(θ) 的两个相邻最大值
之间的整个区间映射到封闭的最小值。为方便起见，我们将假定该区间是左闭右开的。

推函数给出了对任务力学的简要描述。在下一节中，我们解决能否对任意物体进行
定向这一问题。然后我们解决如何对不确定性进行建模的问题，之后我们考虑如何选择

推进序列来定位物体。

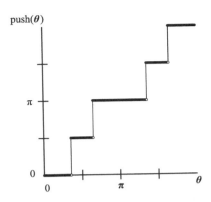

图 7-23　推函数实例 (Goldberg, 1993)

7.4.2　旋转对称：定向到对称

再次考虑图 7-22 中的半径函数例子。矩形的旋转对称性导致了一个周期性的半径函数和一个周期性的推函数。在这种情况下，不存在一个能够明确地对物体进行定向的推动序列。最终的方向将只能定向到由物体的基础对称性来决定。但是请注意，在这种情况下，一个物体的旋转对称性是相对于摩擦中心而定义的，此时一个偏心质量分布便可打破对称。在这里我们不做证明，Goldberg（1993）证明了每个多边形可被定向到其推函数所具有的对称性。

7.4.3　不确定性的建模

当机器人执行准静态规划时，任务状态即为系统位形。每一次对该规划的执行都可被建模为通过系统位形空间的单个轨迹。

然而，零件定向任务必然涉及不确定性。如果我们运行某规划很多次，并在一张图里整理所有这些运行的任务状态，那么将看到可能状态的"不确定性云"（uncertainty cloud）。在制订规划时，我们必须考虑状态中的这些变化，以及如何对整个不确定性云进行操作。

第一个问题是，如何对不确定性进行建模——如何表示可能任务状态的集合。对于目前的案例，一个简单方法是考虑圆的闭区间。闭区间 $\Theta=[\alpha,\beta]$ 意味着实际状态 θ 是区间中的一个成员。我们还定义了一个在该区间内进行操作的推函数的变体：$\overline{P}(\Theta)$ 返回包含 $\{s(\theta)|\theta\in\Theta\}$ 的最小区间。

这种方法有时被称为可能性模型（possibilistic model）。我们描述一组可能的状态，但并不为这些状态分配概率。在某些情况下，概率模型（probabilistic model）是较好的选择。如果选择了概率模型，现在的问题是如何表示位形以及位形集合。即使是在这个简单的例子中，我们选择不去表示位形空间的所有可能子集。封闭区间限制是一个近似，它通过一个超集对可能状态的任意给定子集进行建模。容易观察到，如果我们可以找到适宜于该近似超集的一个规划，它也将适宜于可能位形的真正集合，所以我们说这是一个保守的（conservative）近似。

在位形空间中表示概率分布通常更具挑战性，但在某些情况下，有充分的理由这样做。

7.4.4 规划算法

如果你按相反顺序来思考，那么规划一个推进序列很简单。令 ϕ_i 表示执行第 i 步规划时推进器的方向，令 Θ_i 表示在执行第 i 步推动之前由所有可能的零件方向 θ 组成的集合。我们希望得到由 n 个推动组成的能将零件定向到对称的一个序列。等效地，我们将构造一个推进序列，它将最大的可能区间 Θ_1 映射到一个单点。

我们以最后的一个推动作为开始，它将区间 Θ_n 映射到单个方向。能够通过推函数映射到单个方向的最大可能方向区间是多少？即能够使 $\overline{P}(\Theta)$ 等于一个单点的最大 Θ 取值是多少？通过检查图 7-23 中的推函数，并寻找其中最大的一步，我们容易找到答案。最大的那一步，我们将称之为 Θ_n，它是在物体方向上的一个界限，此时单个推动便能够将物体定向。（我们还不知道 n 的取值，但我们仍然可以写 Θ_n、Θ_{n-1} 等。）

现在我们重复这个过程。考虑倒数第二步的推动，其结果必须能够使物体方向处于 Θ_n 内。所以现在的问题是，能够被映射到一个比 Θ_n 还小的区间上的最大区间 Θ 是多少，即 $\overline{p}(\Theta) \subset \Theta_n$。该区间即是能够使物体在两步之内明确定向的最大区间。以这种方式继续，我们得到一个算法：

1）构建推函数。

2）查找推函数中最宽的一步，称之为 Θ_n，并设置 i 为 1。

3）设置 Θ_{n-1} 为最大区间 Θ，使得 $|\overline{p}(\Theta)| < |\Theta_{n-i+1}|$。如果 $|\Theta_{n-i}| = |\Theta_{n-i+1}|$，然后令 n 等于 i 并终止。否则增加 i 并继续第 3 步。

图 7-24 和图 7-25 采用图 7-22 和图 7-23 中的矩形说明了该算法。首先，我们在推函数中寻找最宽的一步来得到 Θ_n，如图 7-24 所示。下一步，我们求解可被映射到比 Θ_n 要小的集合 $\overline{p}(\Theta)$ 的最大区间 Θ。图 7-25 中以图形形式显示了最大的此类区间，它便是 Θ_{n-1}。然而在 Θ_{n-2} 的构造中，我们发现没有比 Θ_{n-1} 大的区间可以映射到比 Θ_{n-1} 小的集合，所以我们在 $n=2$ 处终止。在这个例子中，由于推函数的对称性，我们终止于

$|\Theta_{n-1}| = \pi$。该矩形将只能被定向到 180° 对称。对于一般物体，算法将在 Θ_1 等于整个圆时终止。

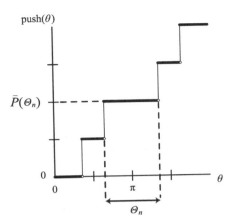

图 7-24 算法的第一步。我们希望得到能够使 $\bar{p}(\Theta)$ 为一个单点的最大区间 Θ (Goldberg, 1993)

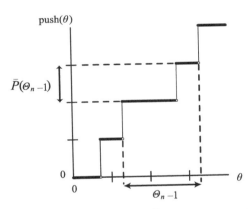

图 7-25 在算法的后续步骤中，我们寻找能够使 $\bar{p}(\Theta)$ 比前一步中找到的区间还要小的最大区间 Θ (Goldberg, 1993)

最后一步是把规划转换成有用的形式。该算法确定了区间序列 Θ，它将每个推动以推动支撑线相对于物体的方向范围的形式做了间接描述。对该规划的一个更加有用的描述是：支撑线相对于某固定坐标系的方向序列。

令 ϕ_i 为推进器相对于某固定坐标系的方向，对于规划中的第 i 步：

1）设置 ϕ_1，设置 i 为 1。

2）设置 ϕ_{i+1} 为 $\mathrm{push}(\alpha_i) - \alpha_{i+1} - \grave{o}_i + \phi_i$。其中，$[\alpha_i, \beta_i] = \Theta_i$，并且 $\grave{o}_i = \frac{1}{2}(|\Theta_i| - |\Theta_{i+1}|)$。

对于一个矩形，ϕ_1 为零，ϕ_2 为 $\frac{\pi}{4}$。先执行一个推动，然后执行逆时针角度为 $\frac{\pi}{4}$ 的旋转以及另一个推动，便可将该矩形定位到对称。

7.5　装配

装配（也称组装）是一个范围广阔而复杂的问题，它包括操作中所能遇到的所有问题。本节试图简要地回顾一下与装配相关的广阔话题，然后将重点集中于装配的准静态模型。第 10 章中我们会继续研究装配这一话题，它将解决装配任务中动力学方面的问题。

有两种方式来看待装配。第一种方式，我们可以将装配看作一个应用任务领域。作为制造自动化的核心部分，装配的重要性不仅体现在它能够产生经济效益，还体现在它能使机器人研究向解决有趣问题的方向发展。

第二种方式，我们可以将装配看作许多操作任务所采用的一个基本过程。正如我们在第 1 章中所观察到的，APOS 系统实际上使用装配操作对零件进行定向。抓取一个零件是一种装配，将一个物体放置在桌面上也是一种装配操作。

首先让我们快速回顾一下装配中的一些主要问题：

- **装配顺序**（assembly sequence）。应该以什么样的顺序将待组装的部件装配在一起？为了找到一个好的装配顺序，我们不妨先考虑如何枚举不同的装配序列。首先我们将注意力限制在双手（two-handed）装配件，这意味着每个装配操作涉及至多两个独立运动，它们对应于将两个部件或子装配组件（subassembly，也称子组件或组件）组装在一起，从而形成一个新的组件。为了列举可能的装配序列，我们查看每一个可能的子组件，并考虑可以将其分割为两个较小组件的所有可能方式。其结果可以用与 / 或图（and/or graph）来表示，如图 7-26 所示。图中的每个节点表示一个子组件，每一条"与"弧线（and-arc）对应于子组件的一种划分方式，在每个节点处带有一条"与"弧线的子树都是一个候选装配序列。（实际上子树只给出了一部分顺序，在具体的操作顺序方面仍存在一些自由度。）

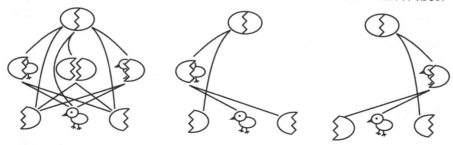

图 7-26　一个与 / 或图，它显示了使用双手掰开鸡蛋这种操作只存在两种方式

- **局部约束分析**（local constraint analysis）。依据定义，装配涉及在物体之间引入运

动学约束关系这样一个过程。对于任何给定的装配步骤，其中一个关键问题是：最终运动是否与所有的有效运动约束一致。例如，在盖上手电筒盖之后，你无法再将电池放到手电筒内。分析这种情况最简单的方法是采用倒序方式，并审查能否拆解组件。在一个封闭的手电筒里的电池是固定的。要进行拆卸需要先把手电筒打开，然后再去掉电池。我们如何确定是否存在拆解运动？在许多情况下，前面章节中的一阶形封闭方法就足够了，尽管在某些情况下需要使用较高阶的分析。

- 路径规划和抓取规划（path planning and grasp planning）。机器人应该从哪里抓取零件和组件，应该遵循什么样的路径？

- 手爪和夹具设计（gripper and fixture design）。工业组装通常涉及专门手爪，这些手爪可适应特定工件上的特定特征。在一些情况下，例如抓取一个轴，这是纯仓储工作。在其他情况下，标准化设计是不够的，此时有必要去设计符合特定工件形状的手爪。这同样适用于夹具设计。我们在 7.1 节中已经解决了这两个问题。 |169|

- 稳定的子装配组件（stable subassembly）。鉴于我们已经把两个零件放置到所需的最终关系，当我们移动其他零件的时候，这两个零件会保持在一起而不散架吗？与路径规划一样，在最一般的情况下这是一个非常难的问题。对于简单情况，前几章中的形封闭、力封闭和平衡分析方法足以胜任。

- 可组装性（assemblability）。已知一个装配步骤在运动学上是可行的，能否把两个零件装在一起而不发生卡阻（jamming）？卡阻会使装配失败，特别是在存在形状公差、控制误差以及摩擦的情况下。我们将在后面的内容中处理卡阻。

- 公差（tolerance）。工业零件永远不可能完美。它们的形状会在一定的范围内发生变化。此外，对于组装在一起的两个零件，它们之间的相对位置可能存在一些变化。公差有时也会累积，因此，"公差累积"（tolerance stackup）可能会导致子装配组件在形状上有很大差别。从原则上讲，所有对局部约束、路径规划、稳定性以及组装性的分析，都必须要考虑公差。

- 面向装配的设计（design for assembly）。我们的分析工具是有限的。在可预见的将来，最难的装配问题仍然棘手。幸运的是，通过更智能地设计产品和零件，以简化自动化装配问题中的分析和规划，我们能够避免最为困难的装配问题。第 1 章中讨论的 APOS 系统，便部分采用了面向装配的设计理念。产品可被设计为：使几乎所有的组装步骤均为竖直插入，该动作可由仅有 4 个自由度的机械臂来完成。部件可被设计为：使得定向、抓取和装配环节都不会发生卡阻。

应该明确的是，装配其实是一个大问题，我们仅能接触到其基本原理中的一小部分。本节的剩余部分解决平面轴孔的准静态装配问题，重点为卡阻的力学原理以及如何避免卡阻。 |170|

卡阻和楔合

这部分内容是对 Simunovic、Whitney 及其同事们的研究的总结。第一个结果出自 Simunovic（1975）之手，他分析了一个平面栓插入一个平面孔的过程。Simunovic 确定了栓柱可能被卡住的两种不同方式，这两种方式分别被命名为楔合（wedging）与卡阻；图 7-27 给出了这两种情况。图 7-27 左边是楔合的一个例子，楔合是力封闭的同义词——无论机器人对栓施加什么样的力旋量，栓和孔之间的摩擦接触都可以与它平衡。注意到每个摩擦锥包含另一个摩擦锥的基，这满足力封闭的 Nguyen 条件（参见习题 5.8）。这意味着两个接触力可以任意大，但它们仍将是平衡的；通过对接触力的小扰动，还可以平衡一个额外的插入力。这是每个人在使用抽屉时都经历过的现象。抽屉被拉出来太多后，再将它推进去时抽屉会发生旋塞，此时抽屉可以抵御任何方向的力。甚至试图再次将抽屉抽出也可能会徒劳无功。

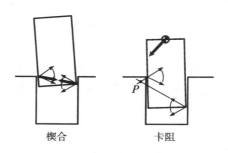

楔合   卡阻

图 7-27   楔合与卡阻是装配任务中的两种失效模式

图 7-27 右边的情形说明了卡阻。此时并不存在力封闭，但是一个不合适的插入力旋量将会被接触力旋量平衡掉。Simunovic 的分析表明：如果施加的力线从点 P 的错误一侧通过，它可与接触力平衡而阻碍装配。

我们可以使用对偶力和力矩标记方法来分析图 7-27 中的例子。图 7-28 所示为楔合的栓销、对偶力构造以及力矩标记构造。这为我们提供了两种方法来判定栓销处于力封闭状态。力矩标记区域的交集是空集，这意味着可能的力旋量占据了整个力旋量空间。并且，对偶力区域的凸包是整个对偶力空间。毫无疑问，栓销处于力封闭，只要我们坚持使用刚体和库仑摩擦假设，不存在肯定能移动栓销的作用力旋量。

图 7-29 所示为被卡阻的栓销、对偶力构造以及力矩标记构造。注意，在 Simunovic 的研究中，点 P 是力矩标记构造中的一个顶点。在对偶力构造中，我们注意到所施加的力旋量 w 映射到带有相反符号的标记区域内。因此，w 能够与摩擦接触力相平衡。根据力矩标记构造，我们可以得出同样的结论。

从轴孔问题的分析中我们得出两个教训。第一，我们可以通过在较浅的插入深度处避免发生两点接触，从而避免楔合。超出一定的插入深度之后，Nguyen 条件将无法得到满足（也就不会发生楔合）。第二，为了避免卡阻，所施加的插入力应该接近栓销。

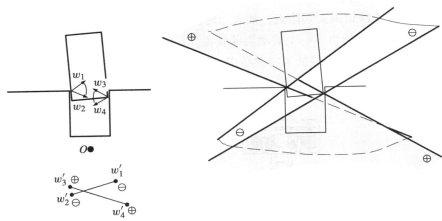

图 7-28 对楔合栓销的对偶力分析和力矩标记分析。力封闭意味着：在刚体和库仑摩擦假
        设下，不存在能保证移动栓销的力旋量

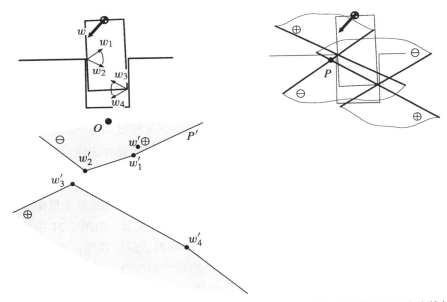

图 7-29 对卡阻栓销的对偶力分析和力矩标记分析。所施加的力旋量可以与两个摩擦接触
        的合成力相平衡

　　我们如何布置才能获得合适的插入力——即无法与栓销和孔之间的摩擦相平衡的插
入力？一种方法是使用机器人的主动力控制，但是在工业应用中通常使用被动柔性装
置，它非常好地阐释了我们的分析在实际中的应用。我们假设机器人执行编程好的动
作，其中在机器人和栓销之间存在一个被动柔性装置。我们进一步假设存在一个柔顺中
心（compliance center，也称柔心）：假定插入力正比于该中心的平动位移，同时假定关
于柔顺中心的力矩正比于角位移。

我们应该将柔顺中心放置在哪里？在图 7-29 中，柔顺中心在栓销的顶部，由于抓取和机器人自身结构存在一些柔性，这种情况往往会自然发生。如果我们可将柔顺中心放置在孔口附近或栓销的尖端附近，插入力将穿过图 7-29 的标记区域，并且无法与接触力相平衡。图 7-30 给出了一个被动柔顺装置，它被称为远心柔顺（Remote Center of Compliance，RCC）装置，该装置将柔顺中心投影到栓销的底部，即使我们实际上是通过栓销顶部来进行抓取操作的。

柔顺单元
橡胶/钢夹层结构
压缩方向很硬
剪切方向很软

柔顺中心（柔心）

图 7-30　用于工业组装任务的远心柔顺装置

7.6　文献注释

本章中抓取（grasping）和夹具固持（fixturing）的部分主要依赖于 Mishra、Schwartz 和 Sharir 的工作（1987）。对该部分内容的一种更广泛的处理方式也将解决稳定性问题、柔顺、非点形（non-point）手指、手指和物体的变形以及抓取质量的度量，这里仅举出几个例子。一些关键的早期工作有文献 Hanafusa and Asada（1977）以及 Asada and By（1985）。抓取规划和夹具设计现在仍然是活跃的研究领域。对于抓取和接触的建模工作的综述参见 (Bicchi and Kumar, 2000)。对于近期的夹具设计工作，参见（Brost and Goldberg, 1996）。

对于力封闭和形封闭的定义，人们存在一些分歧。这些术语源自于机构运动学，此时有必要对关节进行区分：通过其形式被维系在一起的关节（如图 2-21 中的圆柱副），通过某些力被维系在一起的关节（如图 2-21 中的平面副，假设其处在重力场中）。这里则采用了一个不同的解读："封闭"意味着完全约束，而"力"和"形"是指我们分析问题的方式。这些定义从机器人研究中最广为接受的用法中提炼而成。有志于学术探索的读者应该比较文献 Reuleaux（1876）、Bicchi and Kumar（2000）、Nguyen（1988）、Lakshminarayana（1978）以及 Trinkle（1992）中的定义。

在 7.2 节介绍的关于推的分析是我自己的工作（Mason, 1986）。使用一个稳定的边边接触的推进出自 Lynch 和我（Mason）的工作（1996），它在很大程度上借鉴了 Peshkin 和 Sanderson 的工作（1988a）。另一种方法是使用由 Peshkin 和 Sanderson（1989）以及 Alexander 和 Maddocks（1993）探索的最小功率原理（minimum power principle）。以下出自（Peshkin and Sanderson, 1989）：

一个准静态系统，从满足约束的所有运动中，选取一个能够使瞬时功率最小化的运动。

有些人觉得这个原理在直观上有非常强的吸引力，以至于当发现该原则通常并不为真时会很惊讶。但是，当系统中不存在依赖于速度的力时，例如本章中所提出的问题，该原则为真。最小功率原理与 6.6 节中的最大功率不等式（maximum power inequality）形成了一个有趣的对比。当要为一个给定的滑块运动选择摩擦负载时，大自然选择功率最大化；但是，当为一个被推滑块选择运动时，大自然选择功率最小化。

一个实际的问题是，当支撑分布已知时，确定被推物体的运动。我的博士论文（Mason 和 Salisbury，1985）中描述了一种数值方法。（Howe 和 Cutkosky，1996）使用极限曲面的近似来解决该问题。（Alexander 和 Maddocks，1993）使用最小功率原理对该问题做数值求解，其中使用了（Overton，1983）的方法来避免收敛问题。

对于 7.4 节中的零件定向方法，主要来源是（Goldberg, 1993）。零件定向的早期工作包括（Grossman 和 Blasgen，1975）、（Erdmann 和 Mason，1988）、（Brost，1988）、（Peshkin 和 Sanderson，1988b）。零件定向的更近期工作有（Blind 等人，2000），其中也包括了一个简短但有用的综述。

装配的力学原理主要来自于（Simunovic，1975）。与 / 或图及其在列举装配序列中的用途取自（Homem de Mello 和 Sanderson，1990）。对于装配的两个极其有用的讨论出自文献（Latombe, 1991; Halperin 等人，1997）。对于计算机辅助装配规划，参见 De Fazio 和 Whitney 的工作（1987）。

174

习题

7.1：假设我们生活在一个四维欧氏空间世界里。最少需要多少根手指才能实现对一个刚体的一阶形封闭抓取？

7.2：图 7-31 给出了由两个无摩擦手指对平面内的一个矩形所做的两种抓取。

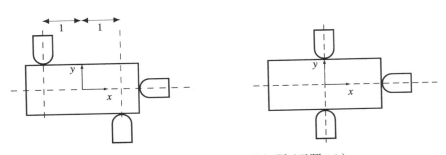

图 7-31　两个关于抓取分析的问题（习题 7.2）

a）对于每一个抓取，在力旋量空间中画出对应的力旋量。

b）这些抓取是否为力封闭？如果不是，指出为实现力封闭所需的其他手指的位置。不要使用多出实际需求的手指。

7.3：对于图 7-32 中的物体，我们需要求解一个只需两根手指便可实现的力封闭抓取。如果手指是无摩擦的，那就不可能找到答案。实际上，手指存在一些摩擦，但摩擦系数非常小。使用之字形轨迹来求解所有能够实现力封闭的双指抓取，其中摩擦系数可以任意小，但不等于零。

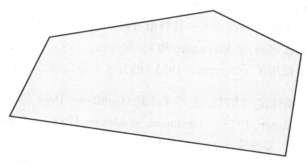

图 7-32　需要用两根手指抓取的一个物体（习题 7.3）

7.4：图 7-33 所示为用于测量摩擦系数的一个装置。一个推进器沿水平直线运动，其推压面与运动方向之间有很大的倾斜角，以确保滑块能够发生滑动。使用准静态的力平衡，来证明滑块相对于接触法线的运动给出了与推进器－滑块接触相对应的摩擦角，并且不论滑块与支撑面之间的摩擦系数是多少，上述关系都成立。

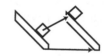

图 7-33　通过推动来测量摩擦系数的装置

7.5：使用力矩标记方法或对偶力方法来分析图 7-34 所示的拾取操作。

首先，考虑图 7-34a 中所示的情况。由于手爪位置并非完全居中，其中一个手指做出第一个接触。我们希望物体滑动到两个手指的正中央位置。假设手指可以施加非常大的力（但不是无限的），确定摩擦系数的适当范围。你可以假设对于所有接触摩擦系数是相同的。

现在，考虑图 7-34b 中所示的情况。因为手爪并非完全对齐，我们需要物体继续滑动，从而使其与手指对准。再次为摩擦系数寻找一个合适的范围。

最后，假设物体现在与手指对齐，并且已经被提起离开桌面。我们不希望物块滑出手指。假设手指所能施加的最大力为物块重量的 100 倍。为摩擦系数寻找一个合适的范围。

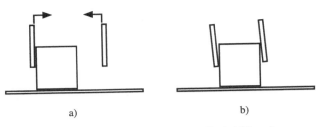

图 7-34　一个待分析的拾取操作（习题 7.5）

7.6：Randy Brost 和我（Mason）没有发表的对平分线界限的证明，是基于文献 (Mason and Salisbury, 1985) 中的一个结果。我们考虑通过一个点接触来推动滑块的动作，我们选择原点与接触点重合。滑块运动关于原点的摩擦力矩必须为零。我们现在考虑旋转中心被固定的情形，并定义 $g(r)$ 为在 r 处的一个单位法向力所产生的力矩。那么，总的力矩将是 $g(r)p(r)\mathrm{d}A=0$。我们在 x-y-g 空间内绘制 g 的图。对于支撑区域 R 内的所有 (x,y)，令 $g(R)$ 表示 $(x,y,g(x,y))$ 的轨迹，令 G 为 $g(R)$ 的凸包，令 (x_0,y_0) 为摩擦中心。那么，给定的旋转中心是 R 区域内的某个压强分布所对应的一个解，当且仅当点 $(x_0,y_0,0)$ 处于 G 之内。

为了证明平分线界限，令支撑区域为整个平面 $R=\mathbf{E}^2$。对于处于以旋转中心为圆心的圆之外且穿过推动接触的所有点 (x,y)，证明所得到的凸集 G 是严格正的。证明从旋转中心到摩擦中心的距离不能超过从旋转中心到推动接触点的距离。

7.7：图 7-35 给出了一个用于推动操作的移动机器人的两个变种。每个变种都是三轮车构型，其中带有两个无动力后轮以及一个可以转向和提供动力的前轮。在左边，扫雪机刀片被安装在三轮车的车架上，这样它总是平行于后轴。在右边，扫雪机刀片的安装方式使得刀片总是平行于前轴。假设我们正在推动图 7-19 中的矩形，使用相同的摩擦系数。对于每一个三轮车，将图 7-19 中的稳定推动约束与三轮车所施加的约束结合起来，以确定可以产生稳定推动的转向角。哪种设计能给出最大的转向角？如何对设计加以改进，以得到更大的转向角？

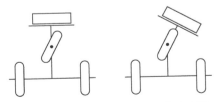

图 7-35　三轮车推进器的两种设计（习题 7.7）

7.8：Brost 三角形的顶点为 $(0,-4)$、$(6,-4)$ 和 $(-6,8)$，如图 7-36 所示。假设质量分布均匀，那么摩擦中心将会处于原点。假设我们要使用在三角形中间长度边缘上的一个稳定的边边接触来推动 Brost 三角形。使用本书中所描述的方法来确定合适的瞬心。

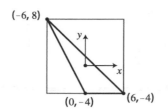

图 7-36　Brost 三角形

7.9： 为构建半径函数的算法填写细节。写出代码并进行测试来实现该算法。算法的输入应为每个顶点的坐标以及支撑线的角度，输出应为到支撑线的有向距离。

7.10： 在 7.4 节中我们曾经指出，半径函数的最小值可以出现在某个独立正弦函数的最小值处。这意味着半径函数可以是负值，将其用于推动问题时似乎需要摩擦中心处于支撑区域的凸包之外。关于这一点，考虑如下例子：一只老鼠推动一个尺寸为人体大小且带有四个正方形腿的沙发。虽然摩擦中心将会位于四条腿的凸包之内，但老鼠只与单个腿相互作用。构造一个正方形的半径函数，使用处于正方形对角线上但在正方形外面的一个参考点。

175
∼
178

7.11： 直径函数（diameter function）diam(θ）与半径函数相关。给定一个有界的平面形状，θ 处的直径 diam(θ）是角度为 θ 的两条平行支撑线之间的距离。证明该直径函数可以被构造为一个正弦函数族中的最大值。构建图 7-36 中三角形所对应的直径函数。

7.12： 给定一个物体的直径函数，这个物体的形状能否重建？（提示：构造圆的直径函数以及图 7-37 中物体的直径函数。对于类似性质的更多例子，参见（Reuleaux，1876）。）

图 7-37　具有恒定直径的一个图——Reuleaux 三角形（习题 7.12）

7.13： 为什么井盖是圆的？（提示：如果你相信该答案，你以前可能已经听说过——"这是唯一不会落入井内的一个形状"——你应该考虑前面的练习。）

7.14： 考虑使用一个无摩擦的平行夹爪（parallel jaw gripper）来抓取一个平面形状的动作。对于一个按如此方式挤压的物体，令挤压函数（squeeze function）sqz(θ）表示从物体的初始方向映射到最终方向的一个函数。假设两根手指同时接触，我们可以使用直径函数来构造挤压函数，正如我们使用半径函数来构造推函数一样。为图 7-36

中的三角形构造挤压函数。

7.15：对于质心位于一个顶点处的正方形，构造其半径函数。能否通过推进动作来对该物体进行定向？为什么？

7.16：构建一个平面多边形物体，并将摩擦中心选择在物体内部，从而使该物体可以通过只推一次便完全定向。构建相应的半径函数。

7.17：为图 7-36 中的三角形构建半径函数，并证明这种情况下其最大值和最小值不是分离的。假设目标不仅仅是定向三角形，而是经过定向后使其短边与推进器接触。寻找一个摩擦系数以及一个推进序列（不一定是正方推动）以实现这一目标。

7.18：对于图 7-29 中被卡阻的栓塞，构建作用于其上的接触力。使用传统方式来画出它们，即将它们作为处于接触点的向量。

7.19：即使你和你的衣服都不是刚体，仍然可以使用与 / 或图来枚举穿衣服时的潜在程序。例如，在穿上裤子之前你可以把它放在你的鞋里，虽然这会很难，并且结果不尽如人意。另一方面，据我所知，不可能在穿好长裤之后再把内裤穿在长裤里面。构造一个穿衣服的与 / 或图。对于任何不可告人的物件，使用通用符号来替代其名称，或者完全忽略它们，如果你喜欢这么做的话。对于此问题的研究不应在上课时完成。

动 力 学

动力学在操作中具有两个重要作用。第一，我们把需要依赖惯性力来完成某一任务的操作定义为动态操作（dynamic manipulation）；在此类操作中，动力学具有直接作用，通常需要使用动力学进行计算。第二，动力学在前面章节中提到的静态操作（static manipulation）和准静态操作（quasistatic manipulation）中也具有非直接作用；此时牛顿动力学为静力学分析和准静态分析提供了基础。特别是，我们借用第 5 章中的牛顿－欧拉方程，将其作为三维空间中刚体静力学的一个基础。

本章首先回顾牛顿定律，并推导刚体的牛顿－欧拉方程。然后使用这些理论知识来分析存在摩擦接触时的刚体运动。

8.1 牛顿定律

在第 5 章中曾介绍过质点受力和其运动的关系。其中，我们假设力可以被描述为一个向量，质点的运动由作用在该质点上的力向量之和来确定。与之相比，牛顿定律（虽然在中学物理中已经学过，但这里使用现代词汇描述）提供了更多的关于力和运动之间关系的假说：

1）任何物体在不受外力作用时，总保持静止或匀速直线运动状态，直到有外力迫使物体改变这种状态为止。

2）物体的动量变化速率（正比于物体的加速度）与物体所受的外力之和成正比，加速度的方向与外力合力的方向相同。

3）两个物体之间的作用力和反作用力，大小相等且方向相反。

牛顿定律指的是动量（momentum）⊖，这对我们来说是一个新名词。要定义动量，考虑一组简单的实验，其中不同的物体与某个参考物体之间存在相互作用。相互作用的本质并不重要，物体之间可能通过弹簧连接或者通过重力而相互作用。对于任何给定的物体，其加速度与参考物体加速度之间将存在某个固定比例。我们可以把这个比例作为物体的质量（mass），并定义物体的动量为质量与向量速度的乘积，因而动量是一个向量。

⊖ 牛顿定律本质上所讲的是动量变化（加速度）的问题——译者注

8.2　三维空间中的一个质点

首先，我们将考虑一个简单的例子：三维空间中的一个质点。我们选择空间中的某点作为原点，对于空间中的每个点，我们用从原点指向该点的向量 x 来表示它。所以牛顿第二定律可表示为：

$$\frac{\mathrm{d}p}{\mathrm{d}t} = F \qquad (8.1) \quad \boxed{181}$$

其中，p 为质点的动量，F 是所受外力的合力。根据定义，动量为质量和速度的乘积：

$$p = mv = m\frac{\mathrm{d}x}{\mathrm{d}t} \qquad (8.2)$$

因而对于固定质量的物体，将式（8.2）带入到式（8.1）中，可以得到牛顿第二定律的另一种表述形式：

$$m\frac{\mathrm{d}^2 x}{\mathrm{d}t^2} = F \qquad (8.3)$$

对两边积分，我们可以得到一种不同的形式：

$$p_2 - p_1 = \int_{t_1}^{t_2} F \, \mathrm{d}t \qquad (8.4)$$

该式表明动量的变化量等于冲量（impulse）。

此外，我们还可以定义物体的动能（kinetic energy）T 为：

$$T = \frac{m}{2}|v|^2 \qquad (8.5)$$

对两边微分可得：

$$\frac{\mathrm{d}T}{\mathrm{d}t} = \frac{m}{2}\frac{\mathrm{d}}{\mathrm{d}t}(v \cdot v) \qquad (8.6)$$

$$= \frac{m}{2}\left(\frac{\mathrm{d}v}{\mathrm{d}t} \cdot v + v \cdot \frac{\mathrm{d}v}{\mathrm{d}t}\right) \qquad (8.7)$$

$$= m\frac{\mathrm{d}v}{\mathrm{d}t} \cdot v \qquad (8.8)$$

$$= F \cdot v \qquad (8.9)$$

上式表明动能随时间的变化率为功率（power）。两边积分可得：

$$T_2 - T_1 = \int_{t_1}^{t_2} F \cdot v \mathrm{d}t \qquad (8.10)$$

或

$$T_2 - T_1 = \int_{x_1}^{x_2} \boldsymbol{F} \cdot \mathrm{d}\boldsymbol{x} \tag{8.11}$$

[182] 这表明动能的变化量等于外力所做的功（work）。

8.3 力矩和动量矩 / 角动量

回想一下，在第 5 章我们定义了力关于直线或点的力矩。作用在质点 $\boldsymbol{x}$ 上的力 $\boldsymbol{f}$，它相对于原点所产生的力矩可以表示为：

$$\boldsymbol{n} = \boldsymbol{x} \times \boldsymbol{f} \tag{8.12}$$

而其相对于通过原点的一条直线 l（其方向向量为 $\hat{\boldsymbol{l}}$）的力矩则由下式给出：

$$n_l = \hat{\boldsymbol{l}} \cdot \boldsymbol{n} \tag{8.13}$$

类似地，假设动量为 $\boldsymbol{p}$ 的一个质点从某 $\boldsymbol{x}$ 点穿过，那么其相对于原点的动量矩（moment of momentum）或角动量（angular momentum）可定义为：

$$\boldsymbol{L} = \boldsymbol{x} \times \boldsymbol{p} \tag{8.14}$$

其相对于通过原点的某条直线 l 的角动量为：

$$L_l = \hat{\boldsymbol{l}} \cdot \boldsymbol{L} \tag{8.15}$$

（现代教课书更倾向于使用"角动量"这一称谓，但"动量矩"一词其实更为合理，这也反映了它与有向直线的矩或力矩之间的共性，这些共性可通过使用普吕克坐标得出。）

对式（8.14）两边微分可得：

$$\frac{\mathrm{d}\boldsymbol{L}}{\mathrm{d}t} = \frac{\mathrm{d}}{\mathrm{d}t}(\boldsymbol{x} \times \boldsymbol{p}) \tag{8.16}$$

$$= \frac{\mathrm{d}}{\mathrm{d}t}(\boldsymbol{x} \times m\boldsymbol{v}) \tag{8.17}$$

$$= m\left(\frac{\mathrm{d}\boldsymbol{x}}{\mathrm{d}t} \times \boldsymbol{v} + \boldsymbol{x} \times \frac{\mathrm{d}\boldsymbol{v}}{\mathrm{d}t}\right) \tag{8.18}$$

$$= \boldsymbol{x} \times m\frac{\mathrm{d}\boldsymbol{v}}{\mathrm{d}t} \tag{8.19}$$

$$= \boldsymbol{x} \times \boldsymbol{F} \tag{8.20}$$

$$= \boldsymbol{N} \tag{8.21}$$

这基本上是牛顿第二定律的重述（角动量随时间的变化率等于力矩），只不过其中使用了力矩和角动量。使用积分形式，我们有

$$L_2 - L_1 = \int_{t_1}^{t_2} N\mathrm{d}t \tag{8.22}$$

无论是使用 $F=\mathrm{d}p/\mathrm{d}t$ 或 $N=\mathrm{d}L/\mathrm{d}t$，我们都有三个二阶微分方程。

如果 F 或 N 可由状态（x,v）唯一确定，那么，对于任何给定的初始条件 $x(0)=x_0$ 和 $v(0)=v_0$ 而言，存在关于 $x(t)$ 和 $v(t)$ 的唯一解。

8.4 质点系的动力学

现在，我们可以将牛顿定律扩展到一个质点系。假设一个质点系由多个质点组成，对于其中的第 k 个质点，其质量记为 m_k，其位置向量记为 x_k，其动量记为 p_k。我们将作用在该质点上的力 F_k 分解为内力 F_k^i 和外力 F_k^e 两部分。其中，内力 F_k^i 是由该质点系内所有其他质点所施加作用力的合力；F_k^e 则是由质点系之外的物体所施加的作用力。

我们定义质点系的总动量为：

$$P = \sum p_k \tag{8.23}$$

定义质点系的合力为：

$$F = \sum F_k^e \tag{8.24}$$

我们注意到，质点系的所有内部作用力的合力为零，这是因为根据牛顿第三运动定律，一个质点施加在另一质点上的作用力将被其反作用力平衡，即 $\sum F_k^i = 0$。

对于质点系中的第 k 个质点，由牛顿第二定律可知：

$$\frac{\mathrm{d}p_k}{\mathrm{d}t} = F_k^e + F_k^i \tag{8.25}$$

对其求和将得到：

$$\sum \frac{\mathrm{d}p_k}{\mathrm{d}t} = \sum \left(F_k^e + F_k^i \right) \tag{8.26}$$

因此有：

$$\frac{\mathrm{d}P}{\mathrm{d}t} = F \tag{8.27}$$

上式表明牛顿第二定律被扩展到质点系中，即质点系的动量与质点系所受合力的关系同样遵循牛顿第二定律。如果我们定义质点系的总质量为：

$$M = \sum m_k \qquad (8.28)$$

定义质点系的质心为：

$$X = \frac{1}{M} \sum m_k x_k \qquad (8.29)$$

那么，我们有：

$$P = M\frac{\mathrm{d}X}{\mathrm{d}t} \qquad (8.30)$$

和

$$F = M\frac{\mathrm{d}^2 X}{\mathrm{d}t^2} \qquad (8.31)$$

这意味着：对于该质点系的质心而言，其行为类似于处于此质心位置且质量等于质点系总质量的单个质点的行为。

角动量和力矩这两个概念也可以扩展到质点系。将第 k 个质点的角动量记为 L_k，则质点系的总角动量为：

$$L = \sum L_k \qquad (8.32)$$

同时定义总力矩为：

$$N = \sum x_k \times F_k^e \qquad (8.33)$$

现在对于第 k 个质点，其角动量由下式给出：

$$L_k = m_k x_k \times v_k \qquad (8.34)$$

对上式两边微分可得：

$$\frac{\mathrm{d}L_k}{\mathrm{d}t} = m_k x_k \times \frac{\mathrm{d}v_k}{\mathrm{d}t} + m_k \frac{\mathrm{d}x_k}{\mathrm{d}t} \times v_k \qquad (8.35)$$

上式中的第二项为零，因此有：

$$\frac{\mathrm{d}L_k}{\mathrm{d}t} = x_k \times \frac{\mathrm{d}p_k}{\mathrm{d}t} \qquad (8.36)$$

将牛顿第二定律代入 p_k，可得：

$$\frac{\mathrm{d}L_k}{\mathrm{d}t} = x_k \times F_k^e + x_k \times F_k^i \qquad (8.37)$$

对于质点系中的所有质点求和，可得：

$$\frac{\mathrm{d}L}{\mathrm{d}t} = N + \sum x_k \times F_k^i \qquad (8.38)$$

我们可再次使用牛顿第三定律来证明质点系的内部力矩之和为零，因此上式中的第二项为零，所以最终得到：

$$\frac{\mathrm{d}L}{\mathrm{d}t} = N \qquad (8.39) \quad \boxed{185}$$

上式表明质点系的角动量和力矩等价于位置在质心、质量为质点系总质量的单个质点的角动量和力矩。注意 $F=\mathrm{d}P/\mathrm{d}t$ 和 $N=\mathrm{d}L/\mathrm{d}t$ 这两个式子所描述的是质点系这一整体，它们不足以反应质点系内各个质点的运动。具体到每个质点的运动，其依赖于质点系内各质点之间的相互作用力，即质点系的内力。一种例外情况是本章下一节中将要讨论的刚体：该质点系内的各个质点之间的相互作用可以忽略。

8.5　刚体动力学

　　刚体是一种特殊的质点系，刚体上任意两点之间的距离保持不变，我们将考虑刚体的动力学。刚体的这一特性降低了复杂度，使得对它的运动分析变得极为简洁明了。

　　首先，我们有必要解决一个常见的错误。我们经常把牛顿第二运动定律（力与加速度之间的关系）写为 $F=m\mathrm{d}v/\mathrm{d}t$ 的形式，貌似我们可以仿照此式，把刚体所受的力矩 N 与角速度向量 ω 之间的关系写为 $N=I\mathrm{d}\omega/\mathrm{d}t$，其中 I 是角惯量标量[⊖]。事实上，这是非常错误的，这也揭示了牛顿定律在线性运动和旋转运动之间的一个重要区别。考虑由外界施加的力和力矩均为零这一最简单的情形。牛顿第一运动定律指出，当外界所施加的力为零时，物体的速度是恒定不变的。所以有人可能会推测，当外界施加的力矩为零时，物体的角速度也恒定不变，这其实也是错误的。事实上对刚体而言，其力矩和角加速度之间的关系并不是简单的 $N=I\mathrm{d}\omega/\mathrm{d}t$。这一点可以用宇宙空间中翻转漂移的物体来解释，尽管物体的角动量恒定不变，但其角速度却是可以连续变化的。任何首次面对这一事实的读者，都应该尝试习题 8.1 中所述的实验。

　　我们开始推导刚体旋转运动方程的正确表达形式。刚体上一点 x 的速度可表示为：

$$v = v_0 + \omega \times x \qquad (8.40)$$

其中，v_0 为刚体坐标系原点的速度，ω 是刚体的角速度。

　　早先，对于旋转物体上某点的角动量，我们得出式（8.34），其形式为：

　　⊖　事实上，刚体的惯量 I 应该是矩阵形式。——译者注

$$L_k = m_k x_k \times v_k$$

将式（8.40）代入可得

$$L_k = m_k x_k \times (v_0 + \boldsymbol{\omega} \times x_k) \tag{8.41}$$

对质点系求和，可得整个刚体的角动量

$$L = \sum m_k x_k \times v_0 + \sum m_k x_k \times (\boldsymbol{\omega} \times x_k) \tag{8.42}$$

$$= MX \times v_0 + \sum m_k x_k \times (\boldsymbol{\omega} \times x_k) \tag{8.43}$$

[186] 上式右侧第一项为将质量集中于刚体质心处而得到的角动量。通过将参考坐标系原点设置到刚体质心位置，我们可以将这一项移除，得到：

$$L = \sum m_k x_k \times (\boldsymbol{\omega} \times x_k) \tag{8.44}$$

对上式使用向量叉积运算中的恒等式 $a \times (b \times c) = (a \cdot c)b - (a \cdot b)c$，我们得到：

$$L = \sum m_k \left[(x_k \cdot x_k) \boldsymbol{\omega} - x_k (x_k \cdot \boldsymbol{\omega}) \right] \tag{8.45}$$

为了把公因子 $\boldsymbol{\omega}$ 提到求和符号之外，我们将每个向量作为列向量矩阵，并使用 $x_k^t \boldsymbol{\omega}$ 来替代点积 $x_k \cdot \boldsymbol{\omega}$，可得：

$$L = \left(\sum m_k \left(| x_k |^2 \, I_3 - x_k x_k^t \right) \right) \boldsymbol{\omega} \tag{8.46}$$

其中，I_3 是 3×3 的单位矩阵。现在我们定义角惯量矩阵（angular inertia matrix）I 如下：

$$I = \sum m_k \left(| x_k |^2 \, I_3 - x_k x_k^t \right) \tag{8.47}$$

代入式（8.46），可得：

$$L = I \boldsymbol{\omega} \tag{8.48}$$

将式（8.48）代入到 $N = dL/dt$，得到：

$$N = \frac{\mathrm{d} I \boldsymbol{\omega}}{\mathrm{d} t} \tag{8.49}$$

$$= I \frac{\mathrm{d} \boldsymbol{\omega}}{\mathrm{d} t} + \frac{\mathrm{d} I}{\mathrm{d} t} \boldsymbol{\omega} \tag{8.50}$$

通过观察式（8.47）可知，相对于附着于刚体的局部坐标系（简称为附体坐标系），角惯量不随时间发生改变。但是附体坐标系以角速度 $\boldsymbol{\omega}$ 转动，所以在任何固定参考系中，角惯量矩阵都是随时间变化的。惯量矩阵中的每个列向量都可看作是固定在移动物体上的附体坐标系中的一个向量，从而使每个列向量的速度[⊖]可以通过与 $\boldsymbol{\omega}$ 取叉积而求得，这一操作也可表示为与叉积矩阵 $\boldsymbol{W}$ 相乘的矩阵乘积形式：

$$\boldsymbol{W} = \begin{pmatrix} 0 & -\omega_3 & \omega_2 \\ \omega_3 & 0 & -\omega_1 \\ -\omega_2 & \omega_1 & 0 \end{pmatrix} \tag{8.51}$$ 187

因此，

$$\boldsymbol{N} = \boldsymbol{I}\frac{\mathrm{d}\boldsymbol{\omega}}{\mathrm{d}t} + \boldsymbol{W}\boldsymbol{I}\boldsymbol{\omega} \tag{8.52}$$

$$\boldsymbol{N} = \boldsymbol{I}\frac{\mathrm{d}\boldsymbol{\omega}}{\mathrm{d}t} + \boldsymbol{W}(\boldsymbol{I}\boldsymbol{\omega}) \tag{8.53}$$

$$\boldsymbol{N} = \boldsymbol{I}\frac{\mathrm{d}\boldsymbol{\omega}}{\mathrm{d}t} + \boldsymbol{\omega}\times(\boldsymbol{I}\boldsymbol{\omega}) \tag{8.54}$$

式（8.54）是适用于刚体旋转的牛顿第二运动定律。注意到用直线运动来类比旋转有以下两个失败原因：角惯量是矩阵而非标量；在公式右侧有第二项 $\boldsymbol{\omega}\times(\boldsymbol{I}\boldsymbol{\omega})$。这一额外项的存在使得即使在不受任何力矩作用（$\boldsymbol{N}=\boldsymbol{0}$）时，物体的角速度仍会随时间不断变化。

当将式（8.54）按部分展开，它有一个极为漂亮的形式，前提是我们能选择合适的坐标系。在下一节中，我们将会看到，如果我们选择刚体的主轴（principal axes）作为坐标系，那么角惯量矩阵将简化为对角矩阵[⊜]：

$$\boldsymbol{I} = \begin{pmatrix} I_{11} & 0 & 0 \\ 0 & I_{22} & 0 \\ 0 & 0 & I_{33} \end{pmatrix} \tag{8.55}$$

要想使用这个对角形式，我们需要一个固定的坐标系。定义 $\{I_t\}$ 为 t 时刻与刚体局部坐标系主轴重合的固定坐标系（即世界坐标系）。那么，在任意时刻 t，我们可以在坐标系 $\{I_t\}$ 中扩展式（8.54），即将式（8.55）代入到式（8.54）中得到：

$$\begin{pmatrix} N_1 \\ N_2 \\ N_3 \end{pmatrix} = \begin{pmatrix} I_{11} & 0 & 0 \\ 0 & I_{22} & 0 \\ 0 & 0 & I_{33} \end{pmatrix}\begin{pmatrix} \dot{\omega}_1 \\ \dot{\omega}_2 \\ \dot{\omega}_3 \end{pmatrix}$$
$$+ \begin{pmatrix} 0 & -\omega_3 & \omega_2 \\ \omega_3 & 0 & -\omega_1 \\ -\omega_2 & \omega_1 & 0 \end{pmatrix}\begin{pmatrix} I_{11} & 0 & 0 \\ 0 & I_{22} & 0 \\ 0 & 0 & I_{33} \end{pmatrix}\begin{pmatrix} \omega_1 \\ \omega_2 \\ \omega_3 \end{pmatrix}$$

将上式展开，便可得到欧拉方程：

⊖ 对列向量求导。——译者注
⊜ 该对角矩阵被称为主惯量矩阵。——译者注

$$\begin{pmatrix} N_1 \\ N_2 \\ N_3 \end{pmatrix} = \begin{pmatrix} I_{11}\dot{\omega}_1 + (I_{33} - I_{22})\omega_2\omega_3 \\ I_{22}\dot{\omega}_2 + (I_{11} - I_{33})\omega_3\omega_1 \\ I_{33}\dot{\omega}_3 + (I_{22} - I_{11})\omega_1\omega_2 \end{pmatrix} \tag{8.56}$$

我们在推导欧拉方程时假定使用一个固定坐标系。但实际上在移动的主轴坐标系中，欧拉方程也保持成立。为了验证这一点，假设在质心处放置两个观察者，其中一个观察者与刚体固连（此时该观察者并不静止），另一个观察者则保持静止。在某个时刻 t，这两个观察者碰巧在这一瞬间重合。现在想象这两个观察者眼中有两个不同的几何向量：力矩向量 N 和角速度向量 ω。由于这两个观察者位置重合，他们汇报的这两个向量的坐标是相同的。但是假设我们向这两个观察者询问向量的变化率。由于这两个观察者之间存在相对运动，他们通常会给出不同的答案。例如，相对于所述静止观察者不动的一个向量，在移动观察者看来，该向量通常是移动的。但对于角速度向量 ω 而言，情况并非如此，这是因为观察者的旋转轴其实就是那个向量。在这种情况下，旋转观察者和固定观察者所看到的变化率是相同的。所以在欧拉方程中，我们相对于移动主轴坐标系来描述角速度向量 ω。

我们也可以为旋转刚体的动能 T 寻找一个简单的表达式。刚体动能是各质点的动能之和：

$$T = \sum \frac{1}{2} m_k |v_k|^2 \tag{8.57}$$

$$= \sum \frac{1}{2} m_k v_k \cdot v_k \tag{8.58}$$

$$= \sum \frac{1}{2} m_k (\omega \times x_k) \cdot (\omega \times x_k) \tag{8.59}$$

其中，我们假设原点处的速度为零。现在使用混合积恒等式 $a \cdot (b \times c) = b \cdot (c \times a)$，我们得到：

$$T = \sum \frac{1}{2} m_k \omega \cdot (x_k \times (\omega \times x_k)) \tag{8.60}$$

$$= \frac{1}{2} \omega \cdot L \tag{8.61}$$

$$= \frac{1}{2} \omega \cdot I\omega \tag{8.62}$$

8.6 角惯量矩阵

本节介绍用于简化角惯量矩阵描述和构建的技术。将式（8.47）直接推广应用到一个连续刚体上，可得其角惯量矩阵为：

$$I = \int \rho \left(| \boldsymbol{x} |^2 I_3 - \boldsymbol{x}\boldsymbol{x}^t \right) \mathrm{d}V \tag{8.63}$$

189

其中，ρ 是材料密度，而 $\mathrm{d}V$ 则是体积微元。

将惯量矩阵分部分展开，可以得到一些启发：

$$I = \int \rho \begin{pmatrix} x_2^2 + x_3^2 & -x_1 x_2 & -x_1 x_3 \\ -x_1 x_2 & x_1^2 + x_3^2 & -x_2 x_3 \\ -x_1 x_3 & -x_2 x_3 & x_1^2 + x_2^2 \end{pmatrix} \mathrm{d}V \tag{8.64}$$

矩阵对角线上的元素即为相对于三个坐标轴的惯量矩：

$$I_{11} = \int \rho \left(x_2^2 + x_3^2 \right) \mathrm{d}V \tag{8.65}$$

$$I_{22} = \int \rho \left(x_1^2 + x_3^2 \right) \mathrm{d}V \tag{8.66}$$

$$I_{33} = \int \rho \left(x_1^2 + x_2^2 \right) \mathrm{d}V \tag{8.67}$$

而非对角元素则被称为惯量积（products of inertia）：

$$I_{12} = I_{21} = -\int \rho x_1 x_2 \mathrm{d}V \tag{8.68}$$

$$I_{23} = I_{32} = -\int \rho x_2 x_3 \mathrm{d}V \tag{8.69}$$

$$I_{31} = I_{13} = -\int \rho x_3 x_1 \mathrm{d}V \tag{8.70}$$

很显然，惯量矩阵是对称矩阵，可以通过坐标变换对其做进一步简化。存在一些坐标系选项，即，存在某个坐标系 A，能够使惯量矩阵简化成下列对角矩阵的形式：

$$^A\boldsymbol{I} = \begin{pmatrix} ^A I_{11} & 0 & 0 \\ 0 & ^A I_{22} & 0 \\ 0 & 0 & ^A I_{33} \end{pmatrix} \tag{8.71}$$

通过变换可以得到其在 A 坐标系中的描述：

$$^A\boldsymbol{I} = \boldsymbol{A}\boldsymbol{I}\boldsymbol{A}^{\mathrm{T}} \tag{8.72}$$

其中，矩阵 $\boldsymbol{A}$ 是从基础坐标系到 A 坐标系的坐标变换矩阵。如果将刚体质心选为角惯量矩阵的原点，那么将惯量矩阵 $\boldsymbol{I}$ 对角化的参考系 A 将具有特殊的意义。该坐标系的主轴[⊖]是惯量矩阵 $\boldsymbol{I}$ 的特征向量，它们被称为刚体的主轴（principal axes）。而对角矩阵中的元素 I_{11}、I_{22} 和 I_{33} 则是惯量矩阵 $\boldsymbol{I}$ 的特征值，它们被称为主惯量矩（principal moment of inertia）。当这些特征值不同时，它们所对应的特征向量被唯一确定。当特征

190

⊖ 即矩阵 $\boldsymbol{A}$ 的各个列向量。——译者注

值有重根时，重复的特征值所对应的主轴可以自由选取，只需保证各个主轴相互正交即可。

在某些情况下，我们并不关心整个惯量矩阵，此时我们只关心相对于某个轴的标量角惯量。例如，对于一个只能绕固定轴线（其方向向量为 ^）旋转的刚体，其旋转力学（即力矩和角加速度之间的关系）可以通过以下公式描述：

$$N_n = I_n \ddot{\theta}_n \tag{8.73}$$

其中，N_n 是关于固定轴线的力矩，I_n 是关于固定轴线的角惯量，θ_n 是关于固定轴线的旋转角度。相对于轴线 $\hat{n}$ 的标量角惯量，可由下式得出：

$$I_n = \hat{n}^t I \hat{n} \tag{8.74}$$

我们可以定义相对于该轴线的回转半径（radius of gyration）k_n 为：

$$I_n = M k_n^2 \tag{8.75}$$

回转半径表示的是：具有相同角惯量的一个质点到旋转轴的距离。

最后需要指出，转动惯量是具有几何意义的。考虑下列公式所定义的曲面：

$$r^t I r = a \tag{8.76}$$

其中，a 为任意常数，通常取为 1。当将刚体的参考坐标轴设置到其主轴上时，式（8.76）变为：

$$I_{xx} r_x^2 + I_{yy} r_y^2 + I_{zz} r_z^2 = a \tag{8.77}$$

[191] 由于 I_{xx}、I_{yy} 和 I_{zz} 均大于零（除退化情形之外），式（8.77）所定义的曲面此时是一个椭球，称作惯量椭球（inertia ellipsoid），如图 8-1 所示。令 $r = r\hat{n}$ 表示从质心指向椭球表面的一个向量，那么刚体相对于此轴的角惯量为：

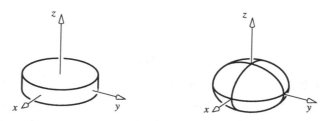

图 8-1　一个圆柱体以及它的惯量椭球

$$I_n = \hat{n}^t I n = \frac{1}{r^2} r^t I r = \frac{a}{r^2} \tag{8.78}$$

对比式（8.75）可知：

$$Mk_n^2 = \frac{a}{r^2} \qquad (8.79)$$

由此可见，椭球在任何一个方向上的半径，都跟关于该方向轴线的回转半径成反比关系。

给定某个刚体，我们如何构建其惯量矩阵呢？最直接的方法是将原点放置于刚体质心处，然后求解式（8.64）中的六个积分。但是教科书中的很多问题涉及对称物体，此时存在一些更为简便的方式。通过确定这些物体中所存在的对称性，我们可以（根据下面列出的几个定理）快速确定主轴，将惯量矩阵变为对角阵，从而把计算量从六个积分减少到三个积分。

定理 8.1：任何对称面都与主轴垂直。

证明：见习题 8.3。

定理 8.2：任何对称轴线都是一条主轴。其余的两个主轴可以任意选取，只要保证这三个主轴正交即可。

证明：见习题 8.3。

当然，许多物体没有明显的对称面或者对称轴。不过，很多复杂物体可以被分解为更为基础的对称形状。此时，复合物体的惯量矩阵即为各组成部分的惯量矩阵之和，但是这些惯量矩阵必须相对于同一个坐标系进行表示。所以计算程序为：将惯量矩阵的各个部分作为独立物体来考虑和求解；将这些惯量矩阵变换到一个公共坐标系，该坐标系的原点为复合物体的质心；然后对这些惯量矩阵求和。将一个惯量矩阵变换到公共坐标系，可能需要使用公式（8.72）做一个旋转操作，同时需要使用下面的定理来变换原点。

192

定理 8.3（**平行轴定理**，parallel axis theorem）：令 $\boldsymbol{I}$ 为参考坐标系原点选在刚体质心时的角惯量矩阵，令 $^p\boldsymbol{I}$ 为参考坐标系原点选在某个位置 p 时的角惯量矩阵，那么

$$^p\boldsymbol{I} = \boldsymbol{I} + M\left(|\boldsymbol{p}|^2\,\boldsymbol{I}_3 - \boldsymbol{pp}^t\right) \qquad (8.80)$$

其中，M 为整个刚体的总质量。

证明：参见习题 8.4。

对比公式（8.80）与公式（8.47）中关于惯量矩阵的定义，就会发现两者的相似之处。参考系原点位于 p 时的惯量矩阵 $^p\boldsymbol{I}$ 为以下两项之和：参考系原点位于刚体质心时的角惯量矩阵 $\boldsymbol{I}$，以及刚体质心处一个质量为 M 的质点在参考系 p 中的惯量矩阵。返回到

有关复合物体的问题中，总的惯量矩阵为 $n+1$ 个矩阵之和，其中包括 n 个单元各自对应的矩阵，以及一个用于描述使用质点替代各个单元后得到的刚体惯量的额外矩阵。

例

求解一个圆柱体的惯量矩阵，其密度均匀 $\rho=1$，高度为 1，并且半径为 1。

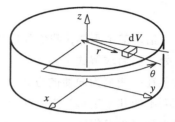

图 8-2　计算一个圆柱体的惯量矩阵

在这个例子中，轴对称和面对称定理均可适用；如图 8-2 所示，圆柱体的中轴是对称轴，而通过圆柱体质心且与中轴垂直的平面为对称面。三个主轴中有一个与圆柱体中轴（对称轴）重合，而另外两个主轴则处于对称面上且相互垂直。令圆柱体中轴（对称轴）为 $\hat{z}$ 轴，那么根据对称性，$I_{xx}=I_{yy}$。我们将以 I_{xx} 作为开始，它可分解为两个积分：

$$I_{xx} = \int \rho\left(y^2 + z^2\right)\mathrm{d}V \tag{8.81}$$

$$= \int \rho y^2 \mathrm{d}V + \int \rho z^2 \mathrm{d}V \tag{8.82}$$

该积分等价于如图 8-2 中所示的圆柱坐标系 (r,θ,z) 中的一个迭代积分：

$$x = r\cos\theta \tag{8.83}$$

$$y = r\sin\theta \tag{8.84}$$

$$z = z \tag{8.85}$$

其中，体积微元可表示为：

$$\mathrm{d}V = r\mathrm{d}r\mathrm{d}\theta\mathrm{d}z \tag{8.86}$$

将其代入到式（8.82）中，那么我们得到：

$$\int \rho y^2 \mathrm{d}V = \int_{-1/2}^{1/2}\int_0^{2\pi}\int_0^1 \rho r^3 \sin^2\theta \mathrm{d}r\mathrm{d}\theta\mathrm{d}z \tag{8.87}$$

$$= \rho\pi/4 \tag{8.88}$$

和

$$\int \rho z^2 \mathrm{d}V = \int_{-1/2}^{1/2}\int_0^{2\pi}\int_0^1 \rho z^2 r\mathrm{d}r\mathrm{d}\theta\mathrm{d}z \tag{8.89}$$

$$= \rho\pi/12 \tag{8.90}$$

因此：

$$I_{xx} = \rho\pi/4 + \rho\pi/12 = \pi/3 \tag{8.91}$$

类似地，通过将积分分解，我们可以求解 I_{zz} 如下：

193
～
194

$$I_{zz} = \int \rho x^2 \mathrm{d}V + \int \rho y^2 \mathrm{d}V \tag{8.92}$$

但是根据对称性，$\int \rho y^2 \mathrm{d}V$ 等于 $\int \rho x^2 \mathrm{d}V$，它们等于 $\pi/4$。因此，主惯量矩为：

$$I_{xx} = \pi/3 \tag{8.93}$$

$$I_{yy} = \pi/3 \tag{8.94}$$

$$I_{zz} = \pi/2 \tag{8.95}$$

8.7 自由旋转体的运动

如果惯量矩阵 $\boldsymbol{I}$ 不发生退变，并且力 $\boldsymbol{F}$ 和力矩 $\boldsymbol{N}$ 均为良态，则牛顿 – 欧拉方程

$$\boldsymbol{F} = m\frac{\mathrm{d}\boldsymbol{v}}{\mathrm{d}t} \tag{8.96}$$

$$\boldsymbol{N} = \boldsymbol{I}\frac{\mathrm{d}\boldsymbol{\omega}}{\mathrm{d}t} + \boldsymbol{\omega} \times (\boldsymbol{I}\boldsymbol{\omega}) \tag{8.97}$$

将唯一地确定旋转体的运动。在本节中，我们考虑零作用力和零作用力矩下的一种情形，即刚体的自由旋转：

$$\boldsymbol{F} = 0 \tag{8.98}$$

$$\boldsymbol{N} = 0 \tag{8.99}$$

我们已经知道质心的速度是恒定的——如果我们选择合适的坐标系，质心将是固定的。但我们应该如何描述旋转运动呢？

我们可以将欧拉方程（8.56）中的 $\boldsymbol{N}$ 设置为零，从而得到

$$\dot{\omega}_1 = \frac{I_2 - I_3}{I_1} \omega_2 \omega_3 \tag{8.100}$$

$$\dot{\omega}_2 = \frac{I_3 - I_1}{I_2} \omega_3 \omega_1 \tag{8.101}$$

$$\dot{\omega}_3 = \frac{I_1 - I_2}{I_3} \omega_1 \omega_2 \tag{8.102}$$

我们可以十分容易地识别到速度恒定不变的情形。在以下三种情况中，刚体的角加速度为零。第一种情况，如果 $I_1 = I_2 = I_3$，那么角加速度为零。第二种情况，如果两个主转动惯量，例如 I_1 和 I_2 相等，并且对应的第三轴的角速度初始时为零，那么角加速度为零。第三种情况，如果角速度的两个分量为零，比如刚体的角速度与一个主轴平行，那么角加

195

速度为零。(不过该平衡可能是不稳定的，参见习题 8.2。)

现在应该显而易见，在一般情况下，刚体的角速度将不是恒定不变的。但是，当作用力矩为零时，角动量 L 将恒定不变。同样，如果施加的力矩为零时，动能也恒定不变。因此，对于 $N=0$ 这种情况，刚体的角动量和动能均不变，即：

$$L = I\omega \text{ 恒定不变} \tag{8.103}$$

$$T = \frac{1}{2}\omega^t I\omega \text{ 恒定不变} \tag{8.104}$$

式（8.104）给出了惯量矩阵对应的惯量椭球面。随着刚体的转动，惯量椭球不断变化，刚体的角速度也不断变化，但刚体的角速度总是位于惯量椭球表面之上。

我们可以确定在 ω 处与惯量椭球相切的平面。首先，通过求解式（8.104）中 T 的梯度，我们可以得出垂直于该平面的法线方向。使用主轴坐标系：

$$\nabla \frac{1}{2}\omega^t I\omega = \nabla \frac{1}{2}\left(\omega_1^2 I_1 + \omega_2^2 I_2 + \omega_3^2 I_3\right) \tag{8.105}$$

$$= \left(I_1\omega_1, I_2\omega_2, I_3\omega_3\right) \tag{8.106}$$

$$= L \tag{8.107}$$

因此，角动量 L 与椭球在 ω 处的切面相垂直。接下来，如图 8-3 所示，我们求解从质心到切面的距离：

$$\frac{\omega \cdot L}{|L|} = \frac{2T}{|L|} \tag{8.108}$$

可见椭球中心到切面的距离保持不变。平面的姿态方向没有变化，与原点的距离也未变化，这意味着此平面在运动期间保持不变。因此，该平面被称为不变平面（invariable plane）。

这引出了对刚体自由运动的一个极为精彩的描述，它被称为 Poinsot 构造（Poinsot's construction）。如图 8-3 所示，将惯量椭球想象为一实心固体，其中心固定；该椭球与实的不变平面接触相切。由于角速度向量穿过该接触点（切点），切点的瞬时速度为零。因此，刚体的自由旋转运动等效于惯量椭球在不变平面上做无滑动的纯滚动。切点在惯量椭球上的轨迹称为本体极迹（polhode），切点在切平面上的轨迹称为空间极迹（herpolhode）。注意到如果我们从椭球质心向本体极迹和空间极迹做射线投影，我们将分别得到关于转动的移动锥体和固定锥体（2.3 节），移动锥体在固定锥体表面上滚动。对于对称物体，本体极迹为圆形，而移动锥体和固定锥体为真的圆锥。

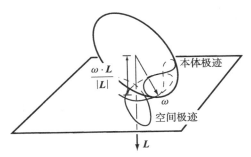

图 8-3　Poinsot 构造：自由旋转运动体现为惯量椭球在不变平面上的滚动。切点在椭球上的轨迹称为本体极迹（polhode），切点在切平面上的轨迹称为空间极迹（herpolhode）

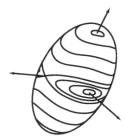

图 8-4　典型惯量椭球上的本体极迹。注意到中间轴线之间的不同，某些轴线处极迹散开，而其他轴线处极迹汇聚

8.8　平面内的单点接触问题

本节讨论存在摩擦力时的平面单点接触问题。再次考虑相互之间存在弹性作用力的两个粒子，它们之间的力学关系满足牛顿定律。对于这两个质点所构成的系统，其状态由两个质点的位置和速度来决定。质点系中的力（包括内力和外力）完全由质点系当前的状态来决定。质点系在下一时刻的状态，则可以通过对当前系统所受的力求积分而预测。一般来说，当质点系的受力是关于位置和速度状态的良态（well-behaved）函数⊖时，牛顿定律存在唯一的特解。

现在假设我们向系统中加入一些满足库仑定律的摩擦力。参考 6.3 节中的接触模式列表，其中摩擦力并非关于状态的函数。更确切地讲，它其实是在力上施加约束（constraints），该约束是关于位置、速度以及加速度的一个函数。此时，我们得到如下循环：加速度由力来决定，而力则部分由加速度来决定。解决摩擦问题的系统化方法必须能够正视这个循环。

我们将要采取的基本方法相当简单，其原则如下：

⊖　例如连续函数。——译者注

197

1）枚举所有可能的接触模式。

2）对于每种接触模式，求解与其相关的力学问题，从而得到每个接触点的速度和加速度。

3）当所求结果中的接触速度和加速度与我们所假设的接触方式不一致时，丢弃这一结果。

当然，这种方法对于解决力学问题来讲是相当奇怪的。我们将它拆分成几个问题，然后求解所有问题，即使最终可能只有一个结果是相关的。我们现在得到的结果更为奇怪：有时候不止一个子问题是可行的；有时候所有的子问题都不可行。与刚体和库仑摩擦相关的牛顿力学，有时候是不确定的（nondeterministic，即系统有多个解），有时候是不一致的（inconsistent，系统无解）。

我们的方法，除了哲学方面的困难之外，也存在实际方面的困难：可能存在很多种接触模式；对于每种接触模式来单独求解一个问题，这将会耗费大量的工作。那么，是否存在一种更为有效的方法，可用来确定相关的接触模式呢？当存在多个运动物体时，上述问题将会变得更为复杂，这是因为接触模式的数量随物体数目呈指数级增长。Baraff（1990, 1993）已经指出：对于存在库仑摩擦的多个物体而言，确定是否存在一致的接触模式，这是一个 NP 完备问题。这意味着上述问题可能无法得到有效的求解，尽管我们可能得到一个近似解或者是一组可能令人满意的替代假设。

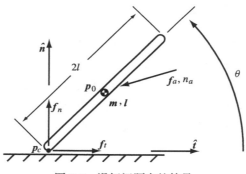

图 8-5   滑杆问题中的符号

例

为了说明这种方法，下面我们将探讨杆如图 8-5 中所示的问题，一个滑杆与水平面之间单点接触的力学问题。通过将运动方程写为关于接触点 $\mathbf{p}_c$ 的形式，我们可以节省一些工作。首先，我们注意到一些运动学关系：

$$\boldsymbol{p}_c = \boldsymbol{p}_0 - l\begin{pmatrix}\cos\theta\\\sin\theta\end{pmatrix} \tag{8.109}$$

$$\dot{p}_c = \dot{p}_0 - l \begin{pmatrix} -\sin\theta \\ \cos\theta \end{pmatrix} \dot{\theta} \tag{8.110}$$

$$\ddot{p}_c = \ddot{p}_0 + l \begin{pmatrix} \cos\theta \\ \sin\theta \end{pmatrix} \dot{\theta}^2 - l \begin{pmatrix} -\sin\theta \\ \cos\theta \end{pmatrix} \ddot{\theta} \tag{8.111}$$

现在，使用牛顿定律：

$$f_n + f_t + f_a = m\ddot{p}_0 \tag{8.112}$$

$$(p_c - p_0) \times (f_n - f_t) + n_a = I\ddot{\theta} \tag{8.113}$$

求解 $\ddot{p}_0$ 和 $\ddot{\theta}$，并代入到式（8.111）中：

$$\begin{aligned}
\ddot{p}_c = \frac{1}{m}(f_n + f_t + f_a) + l\dot{\theta}^2 \begin{pmatrix} \cos\theta \\ \sin\theta \end{pmatrix} \\
- \frac{l}{I} \begin{pmatrix} -\sin\theta \\ \cos\theta \end{pmatrix} \big[(p_c - p_0) \times (f_n + f_t) + n_a \big]
\end{aligned} \tag{8.114}$$

式（8.114）是一个通用的运动方程。我们需要一些物理参数值和一些初始状态，才能够求解上述方程，从而获得接触点当前的运动状态。在接下来的两个小节中，我们展示一些不同的参数选项，它们使得系统分别为无解（不一致性）以及具有多个解（不确定性）。

198 ~ 199

8.8.1 摩擦的不一致性

假设存在重力场（方向向下），滑杆初始时水平向左滑动、且不转动。那么，我们有

$$p_0 = \begin{pmatrix} -1 \\ 0 \end{pmatrix} \tag{8.115}$$

$$\tag{8.116}$$

$$f_a = \begin{pmatrix} 0 \\ -mg \end{pmatrix} \tag{8.117}$$

$$n_a = 0 \tag{8.118}$$

首先列出所有的接触方式：分离（separation）、向右滑动（right sliding）和向左滑动（left sliding）。对其分类讨论可知向右滑动明显不成立，因为它与初始条件冲突。与初始条件相一致的可能接触模式是：分离（$\ddot{p}_{cn} > 0$）和向左滑动。但是很容易通过检查得知分离这种模式并不可行。这是因为如果不存在接触力时，在竖直方向的合力将为 $-mg$，这将会产生一个向下的（downward）加速度。

所以只有向左滑动是可行的。此时，使用库仑定律可以得出

$$f_t = \mu f_n \tag{8.119}$$

或

$$f_t + f_n = f_n \begin{pmatrix} \mu \\ 1 \end{pmatrix} \tag{8.120}$$

力矩为

$$(\boldsymbol{p}_c - \boldsymbol{p}_0) \times (\boldsymbol{f}_n + \boldsymbol{f}_t) \tag{8.121}$$

$$= -l \begin{pmatrix} \cos\theta \\ \sin\theta \end{pmatrix} \times f_n \begin{pmatrix} \mu \\ 1 \end{pmatrix} \tag{8.122}$$

$$= l f_n (\mu \sin\theta - \cos\theta) \tag{8.123}$$

$$= l f_n \frac{1}{\cos\alpha} (-\cos(\alpha + \theta)) \tag{8.124}$$

其中，$\alpha = \tan^{-1}\mu$。

代入到式（8.114）中，可得：

$$\ddot{\boldsymbol{p}}_c = \frac{1}{m} f_n \begin{pmatrix} \mu \\ 1 \end{pmatrix} + \begin{pmatrix} 0 \\ -g \end{pmatrix} + \boldsymbol{0} + \frac{l^2 f_n}{I} \begin{pmatrix} -\sin\theta \\ \cos\theta \end{pmatrix} \frac{\cos(\alpha+\theta)}{\cos\alpha}$$

现在，向左滑动这种模式指出 $\ddot{p}_{cn} = 0$，即：

$$\frac{f_n}{m} - g + \frac{l^2 f_n}{I} \frac{\cos\theta}{\cos\alpha} \cos(\alpha + \theta) = 0 \tag{8.125}$$

或

$$f_n \left(\frac{1}{m} + \frac{l^2}{I} \frac{\cos\theta}{\cos\alpha} \cos(\alpha + \theta) \right) = g \tag{8.126}$$

现在，g 和 f_n 均为正值，那么，m、l、I、a 和 θ 这些参数的取值必须满足下列关系：

$$\left(\frac{1}{m} + \frac{l^2}{I} \frac{\cos\theta}{\cos\alpha} \cos(\alpha + \theta) \right) > 0 \tag{8.127}$$

事实证明，对于某些 θ 而言，如果 μ 的取值很大或者 I 的取值很小，这一条件将不成立。例如，如果 $m=I=1$、$l=4$、$\alpha=30$、$\theta=75$，那么式（8.127）中的条件将不成立。此时，不存在任何可行的接触模式。

图 8-6 中的简单几何解释可以说明这一难题。如果我们选择的参数将滑杆放置于摩

擦锥之内，那么，总的合力将会在质心处产生一个正力矩。接触点的加速度等于以下两个分量之和：摩擦力和压力的合力所引起的线加速度分量 $\frac{1}{m}(f_n+f_t)$，其方向远离平面；以及由总力矩引起的角加速度分量 $\frac{ld}{I}(f_n+f_t)$，其方向指向平面。当角惯量足够小时，指向平面的分量占据主导地位。此时，不存在任何满足库仑定律的力能够保证滑杆不穿过平面。不过，这个分析也指出了解决该问题的一个出路，即将事件作为冲击来处理。在第 9 章中，我们将看到这种方法效果相当不错。

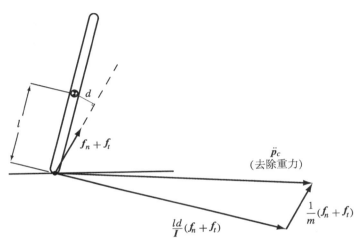

图 8-6　在图示的例子中，分类讨论法处理摩擦问题将会导致不一致（即问题无解）。在图示的例子中，没有接触力选项能够满足牛顿力学、刚体以及库仑摩擦力这些假设

201

8.8.2　摩擦的不确定性

在这个问题中，一个小的改变也会产生多个解。我们改变重力的方向，同时假设初始时杆件静止，如图 8-7 所示：

$$f_a = \begin{pmatrix} -mg \\ 0 \end{pmatrix} \tag{8.128}$$

$$n_a = 0 \tag{8.129}$$

$$\dot{p}_0 = \mathbf{0} \tag{8.130}$$

$$\dot{\theta} = 0 \tag{8.131}$$

我们很容易排除掉除分离（separation）、向左滑动（left-sliding）和固定不动（fixed）这三种模式之外的其他所有模式。此时，分离这种模式并不合理：我们有 $f_t+f_n=\mathbf{0}$，因此 $\ddot{p}_{cn}=0$，即，不存在法向加速度。

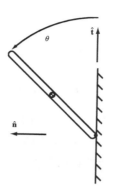

图 8-7 摩擦的不确定性的一个例子。如果不存在接触力，那么杆件将会垂直向下滑落，
        且不会发生旋转。如果存在一个哪怕很小的接触力，杆件也会绕接触点转动

对于向左滑动这种情况，存在一个解。如果 $f_t = \mu f_n = 0$，那么我们得到 $\ddot{p}_{ct} = -g$，即，杆件向下滑动，掠过表面但接触力为零。

对固定接触这种情况，也存在一个解，它取决于物理参数。我们可以通过引入一个变量 s 来做一些简化：

$$s = \frac{f_t}{f_n} \qquad (8.132)$$

对于固定接触，库仑定律要求：

$$-\mu \leqslant s \leqslant \mu \qquad (8.133)$$

现在，接触力的合力可以写作：

$$\boldsymbol{f}_t + \boldsymbol{f}_n = f_n \begin{pmatrix} s \\ 1 \end{pmatrix} \qquad (8.134)$$

将其代入到式（8.114）中，并令 $\ddot{p}_c = 0$，我们得到：

$$\mathbf{0} = \frac{1}{m}\left(f_n \begin{pmatrix} s \\ 1 \end{pmatrix} + \begin{pmatrix} -mg \\ 0 \end{pmatrix} \right) + \frac{l}{I}\begin{pmatrix} -\sin\theta \\ \cos\theta \end{pmatrix} l \begin{pmatrix} \cos\theta \\ \sin\theta \end{pmatrix} \times f_n \begin{pmatrix} s \\ 1 \end{pmatrix}$$

给定物理参数 m、I、g、l 及初始角度 θ，可由上式推导出关于 F_n 和 s 的两个方程。接下来是证明，这些参数存在一些取值能够使 F_n 为正。摩擦系数可以任意大，并且总可以选得足够大从而使 s 在 $[-\mu, \mu]$ 范围之内。其中的细节留作练习。

8.9 平面动力学的图形方法

第 5 章中曾介绍过平面力的三种（图形）表示方法：力旋量空间中的凸包法、力矩标记法以及对偶力法。这些方法均可方便地表示作用在一个物体上的可能接触力的集合。这便为下述的典型静力学问题提供了一种快速解法：给定施加在物体上的作用力旋量 w 以及一组接触法线，决定该物体是否将会运动。解决方法是：构建合适的凸包，并确认作用力旋量 w 是否可与凸包中的一个力旋量相平衡。令 $\{c_i\}$ 表示接触力旋量集合，那么，我们称物体在负载 w 作用下处于平衡状态，当且仅当 $w \in \mathrm{pos}(\{c_i\})$。

也许更令人惊讶的是，上述这些图形方法将同样适用于动力学问题。假设一个刚性平面物体最初处于静止状态，然后因为受到一个合力旋量 $f=(f_x, f_y, n_z)$ 的作用而加速，我们将该力旋量称为动态负载（dynamic load）。为简单起见，我们将物体质心选作参考系的原点，并将刚体的回转半径选作单位长度。令 $a=(a_x, a_y, \alpha_z)$ 表示物体的加速度运动旋量。那么，根据牛顿第二运动定律，可得：　　　　　203

$$a = \begin{pmatrix} a_x \\ a_y \\ \alpha_z \end{pmatrix} = \frac{1}{m} \begin{pmatrix} f_x \\ f_y \\ n_z \end{pmatrix} \tag{8.135}$$

使用我们选择的坐标系原点和单位长度，动态负载力旋量正好等于加速度运动旋量乘以物体质量。

现在，假设动态负载力旋量 f 实际上由两部分组成：接触力旋量 c 和施加的作用力旋量 w。代入到式（8.135）中可得

$$a = -(w + c) \tag{8.136}$$

根据是否考虑摩擦，这里的 c 可以是接触法线或者与接触模式相一致的摩擦锥边界向量的正加权之和，即：

$$c \in \mathrm{pos}(\{c_i\}) \tag{8.137}$$

式（8.136）定义了力旋量 w 和运动旋量 a 之间的一个关系。w 和 a 之间满足这一关系，当且仅当存在某些满足牛顿第二定律的接触力选项。这一关系将力旋量空间中的一个点映射到（加速度）运动旋量空间中的一个点上。这种映射关系与先前在运动学图形方法中的将力旋量空间中的射线（ray）映射到运动旋量空间相类似。因而，我们可以将运动学图形方法拓展到动力学计算中。我们称 w 和 a 之间存在相互关联，当且仅当：

$$\exists_{s \geqslant 0, s_i \geqslant 0} \; w + \sum s_i c_i = sma \tag{8.138}$$

这等效于：

$$w \in \mathrm{pos}(\{a\} \cup \{-c_i\}) \tag{8.139}$$

现在，我们可以推导相应的图形化方法。这里我们将以对偶力方法为例，而力矩标记方法将会与其类似。将对偶映射应用于式（8.135），我们得到关于加速度中心坐标的两个等价表达式：

$$\begin{pmatrix} -a_y/\alpha_z \\ a_x/\alpha_z \end{pmatrix} = \begin{pmatrix} -f_y/n_z \\ f_x/n_z \end{pmatrix} \tag{8.140}$$

上述公式可以由牛顿第二定律直接得出。该式表明：加速度中心是动态负载的对偶力映射。如果我们将对偶力映射应用于作用力旋量 w 和接触法线 c_i，那么根据式（8.139），我们得到：

[204]

$$w' \in \mathrm{conv}\left(\{a'\} \cup \{-c'_i\}\right) \tag{8.141}$$

在下一节中，我们将求解与之相关的一个例题。

毫不奇怪，我们也可以通过力矩标记方法来进行分析。给定某个候选的加速度中心，我们对其采用对偶变换，从而求得动态负载的作用线；对这条线进行标记。我们还可以画出接触点力旋量作用线的反向进行标记。最后取这些标记结果的交集，即可求得与外界施加的作用力旋量相对应的加速度中心（从而得知这些作用力旋量的有效范围）。

8.10 平面内的多点接触问题

本节讨论存在多点摩擦接触时，平面内一个刚体的动力学问题。在 8.8 节中，我们描述了求解平面接触问题的一种算法。我们将该方法应用于平面内单刚体的多点接触问题，并使用对偶力方法来实现该算法。我们首先枚举可能的接触模式，然后对于每种接触模式：

1）确定可能的加速度中心。

2）确定一系列可能的接触力 c_i，将其反向并求其对偶力。

3）计算加速度中心以及反向接触对偶力的凸包，这个凸包内的点所对应的对偶力即为主动施加的力旋量。

当存在多个接触时，可能的接触模式随接触数目呈几何级数增长；因而我们的主要挑战是对不同的情形进行跟踪。为了更好地列举各种接触模式，我们将采用如下规则惯例。假设平面中的一个刚体存在 n 个点接触；对于第 i 个接触，我们简称模式 m_i 如下：

p 运动学上不可行（"穿透"）

s 分离

l 向左滑动

r 向右滑动

f 固定不动

那么，刚体与平面的接触模式可以记作

$$m_1 m_2 ... m_n$$

此惯例表明：对于 *n* 个接触，可能存在多达 5^n 种不同的接触模式，但是其中很多在运动学上并不可行。对于只有一个运动体的问题，我们可以使用 Reuleaux 方法的一种变体来 〔205〕枚举接触模式，该方法可以将可能接触模式的数量级控制在 n^2。

　　该方法如图 8-8 所示，一个内六角扳手放置在四边形托盘的左下角，该内六角扳手与托盘之间有四个接触点。在每个接触点处，我们构建代表接触法线和接触切线的直线。如图所示，这些线将由带有符号的旋转中心组成的空间划分为多边形区域、线段和点。如果我们使用细胞（cell）这个词来统一指代这些区域、线段和点，那么每个细胞对应一个不同的接触模式。对于每个细胞，我们可以简单地写出模式。在这个例子中，除了穿透模式之外，其余的接触模式在运动学上都是可行的。

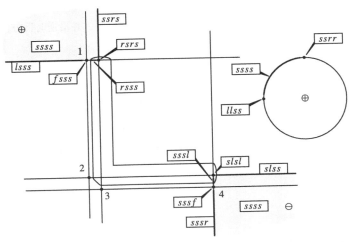

　　图 8-8　Reuleaux 方法可被用于识别运动学上可行的接触模式。其中，*f* = 固定不动；*s* = 分离；*l* = 向左滑动；*r* = 向右滑动⊖

　　现在，我们开始进行动力学分析，此时我们可以使用力矩标记或者对偶力表示，如 8.9 节所示。每种接触模式已经被表示为由加速度中心组成的一个凸集。在这个集合之

　　⊖　放置在四边形托盘的左下角的内六角扳手与托盘的接触方式。右侧是从正标记平面看旋转中心在无穷远处时的接触方式。——译者注

上，我们加入所有可能接触力旋量的反向对偶力 $\{-c_i'\}$，并取凸包，这样便可求得能够引起这种接触方式的外加作用力旋量集合。

图 8-9 展示了对"rsrs"接触模式进行分析的构造过程，其中我们使用了图 8-8 中得到的加速度中心。取内六角扳手的质心为参考坐标系原点，并将旋转半径 ρ 取作单位长度，这个加速度中心等于动态负载的对偶力 f'。由于 1、3 点的接触模式为向右滑动，接触点摩擦力 c_1 和 c_3 处在各自摩擦锥的左边界。它们的反作用力（$-c_1$ 和 $-c_3$）如图 8-9 所示，它们对应的反向对偶力为 $-c_1'$ 和 $-c_3'$。由于在 2、4 点的接触模式为分离，没有力作用。因此最后计算凸包可得到对偶力空间中的一个三角区域。当外加作用力旋量的对偶力在此三角区域中时，内六角扳手以"rsrs"这种接触模式运动。

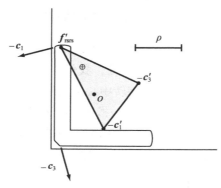

图 8-9　分析"rsrs"这种接触模式（在 c_1 和 c_3 处接触，并沿逆时针方向旋转）

8.11　文献注释

本章中所介绍的刚体动力学，主要借鉴自教科书（Symon，1971）。对于带有摩擦接触的刚体动力学的处理出自（Erdmann，1994）。第一个讨论库仑摩擦模型缺陷的是（Painlevé，1895）。对该问题的更详细的讨论可以参见（Baraff，1990，1993）、（Trinkle 等人，1997）以及（Stewart，1998）。

习题

8.1：这个习题的目的是解决对翻滚物体运动的错误直觉，除此之外，它还很有趣。取一本精装的硬皮书，使用橡皮筋将书捆紧。想象位于质心的一个坐标系，其中 $\hat{x}$ 轴与书的封面垂直，$\hat{z}$ 轴与书脊平行，而 $\hat{y}$ 轴与其余两条轴线构成一个右手坐标系。那么，$\hat{x}$ 将是长主轴，$\hat{z}$ 是短主轴，而 $\hat{y}$ 则是中主轴。经过一些训练之后，你应该能够将书抛到空中，并使书围绕 $\hat{x}$ 轴或 $\hat{z}$ 轴以近似恒定的角速度旋转。现在尝试围绕 $\hat{y}$ 轴执行相同的动作；这几乎是不可能实现的。如果角速度是恒定的，那运动将是什么样子的？如果书的装订边最初位于你的左边，有没有可能在结束的时候装订边位于你的右边？

8.2：考虑习题 8.1 中的扔书实验。如果你能给予书本一个与 $\hat{y}$ 轴严格对齐的初始角速度，证明书本的角速度向量将保持恒定。证明一个很小的偏差将会使角速度向量在"几乎与 $\hat{y}$ 轴平行"和"几乎与 $-\hat{y}$ 轴平行"这两种情形之间交替。

8.3：证明定理 8.1 和定理 8.2。

8.4：证明定理 8.3。

8.5：一个正圆柱体的半径为 r，高度为 h，总质量为 M 且密度均匀，求解该圆柱体的惯量矩阵。

8.6：分别构造一支铅笔和一个硬币的惯量矩阵，并绘制它们的惯量椭球。你可以把它们当作正圆柱体来建模，使用手边方便的任意铅笔和硬币的测量尺寸，并使用习题 8.5 中的结果。你不必费心称它们的重量，因为惯量椭球的比例是任意的。

8.7：当处理退化物体时，使用欧拉方程可能会很别扭。假定有两个质点通过一根没有质量的杆相连。那么该杆绕其自身轴线的旋转运动将是不确定的，因为它不涉及任何质量的运动。令两个质点之间的距离为 2，并假设该杆最初与 z 轴对齐。我们令杆的初始角速度为 $\omega=(0,1,1)$，然后让它自由旋转。使用欧拉方程求解并解释结果。

8.8：使用力矩标记方法，重复 8.8 节中的动力学分析。

8.9：使用对偶力方法，重复习题 8.8。

8.10：完成摩擦不确定性中的例子，通过使用有意义的物理参数，求解 F_n 和 s，并证明所有的必要条件都得到满足。

8.11：使用力矩标记方法，重复对内六角扳手"rsrs"接触模式的分析。

8.12：使用对偶力或力矩标记方法，完成对内六角扳手"rsss"接触模式的分析。

8.13：使用对偶力方法分析图 8-10 中所示的处于角落中的物块。物块的尺寸是 1×1，回转半径为 1，摩擦系数为 0.25。使用 Reuleaux 方法来确定接触模式。对于每个接触模式，构造可能动态负载的对偶力，负接触力的对偶力，并使用凸包求解可能作用力的对偶力。

图 8-10　习题 8.13 的图

碰　　撞

本章通过两个例子来讲述如何对刚体在发生碰撞时所受的摩擦力进行建模。对碰撞的建模充满了复杂性和微妙之处，使我们必须坚持使用涉及平面内刚体碰撞的最简单的模型。

当两个刚体碰撞时会发生什么？刚体的速度出现不连续，这意味着无限大的加速度和无限大的冲击力。碰撞也会使某些事情简化，例如，第 6 章中滑杆的不一致性例子就可以用碰撞来解决。另一方面，被人们广泛接受的碰撞模型其实只存在于最简单的情况之中。即使最简单形式的摩擦碰撞也可能引出难题。

为了避免直接与无限大的冲击力打交道，我们使用冲量（impulse）来替代。回顾第8章：

$$F = \frac{\mathrm{d}P}{\mathrm{d}t} \tag{9.1}$$

$$N = \frac{\mathrm{d}L}{\mathrm{d}t} \tag{9.2}$$

积分得到：

$$\Delta P = \int_{t_0}^{t_1} F \mathrm{d}t \tag{9.3}$$

$$\Delta L = \int_{t_0}^{t_1} N \mathrm{d}t \tag{9.4}$$

其中，ΔP 是动量的变化量，它等于 $P_1 - P_0$；ΔL 是角动量的变化量，它等于 $L_1 - L_0$；$\int F \mathrm{d}t$ 是冲量；$\int N \mathrm{d}t$ 是冲量力矩（冲力矩，impulsive moment）。以上便是所谓的冲量 – 动量方程（impulse-momentum equations）。它们只不过是牛顿定律的另外一种表述形式，之所以这么表述是为了方便对碰撞问题的研究。现在我们需要的是一些本构定律，从而将总冲量和总冲量力矩表述确定为关于刚体物理参数和初始状态的函数形式。不幸的是，没有一种简单定律可以做到这一点。我们的目标将是狭窄的：解决足够胜任平面刚体碰撞问题的最简单模型，并探讨其影响。

9.1　质点碰撞

首先考虑在没有摩擦力作用时，平面中的质点与水平面碰撞的情形。我们将按下列方式对碰撞建模：将其考虑为作用在时间间隔 $[t_0, t_1]$ 内的一个冲量 $\boldsymbol{I}$，同时令 t_1 趋近于 t_0 并取极限。因此，质点速度从 $\boldsymbol{v}_0$ 不连续地变化到 $\boldsymbol{v}_1$：

$$\Delta\boldsymbol{v} = \frac{1}{m}\Delta\boldsymbol{P} = \frac{1}{m}\boldsymbol{I} \qquad (9.5)$$

其中：

$$\Delta\boldsymbol{v} = \boldsymbol{v}_1 - \boldsymbol{v}_0 \qquad (9.6)$$

当没有摩擦力作用时，切向冲量（冲量在切向方向上的分量）I_t 为零，所以：

$$v_{1t} = v_{0t} \qquad (9.7)$$

$$v_{1n} = v_{0n} + \frac{1}{m}I_n \qquad (9.8)$$

所以我们接下来需要的是某个用于求解法向冲量 I_n 的本构定律。根据碰撞类型的不同，有两种特殊情况：塑性碰撞（plastic impact，也称完全非弹性碰撞）：

$$I_n = -mv_{0n} \qquad (9.9)$$

$$\rightarrow v_{1n} = 0 \qquad (9.10)$$

弹性碰撞（elastic impact）：

$$I_n = -2mv_{0n} \qquad (9.11)$$

$$\rightarrow v_{1n} = -v_{0n} \qquad (9.12)$$

　　牛顿认为在这两种碰撞类型之间有一个中间态，即非完全弹性碰撞，并定义了如下式所示的一个恢复系数（coefficient of restitution）来描述他的假设

$$e = -\frac{v_{1n}}{v_{0n}} \qquad (9.13)$$

所以当恢复系数 $e=0$ 时，碰撞为塑性碰撞；当恢复系数 $e=1$ 时，碰撞为完全弹性碰撞。

　　与牛顿的恢复系数相比，数学家泊松（Poisson）也给出了他自己对碰撞系数的定义。注意到由于接触力是非负的，所以粒子的法向速度是单调非减的。所以我们可以将碰撞分为两个阶段：

$$v_n < 0 \qquad 压缩阶段$$

$$v_n = 0$$

$$v_n > 0 \qquad 恢复阶段$$

我们将冲量划分为两部分：压缩阶段的压缩冲量 I_c，恢复阶段的恢复冲量 I_r。泊松在其假说中认为压缩冲量和恢复冲量之间的比例由材料性质决定：

$$e = \frac{I_r}{I_c} \tag{9.14}$$

与牛顿所定义的恢复系数方法类似，当 $e=1$ 时，碰撞为弹性碰撞；当 $e=0$ 时，碰撞为塑性碰撞，也称为完全非弹性碰撞。对于无摩擦的质点而言，泊松和牛顿这两种方法得到的结果相同。但在某些情况下（比如当 v_{0n} 为零时），牛顿的定义将没有意义，因此本章中我们将采用泊松的假设。

返回到手头的问题，泊松方法其实很简单。假设质点的质量为 m，初始速度为 v_0，碰撞的恢复系数为 e。根据泊松的定义，压缩阶段（在法线方向上）的冲量为：

$$I_c = m v_{0n} \tag{9.15}$$

然后，我们将上式乘以恢复系数即得到恢复阶段（在法线方向上）的冲量：

$$I_r = e m v_{0n} \tag{9.16}$$

从而得到质点在法向方向上的合冲量：

$$I = I_c + I_r = (1+e) m v_{0n} \tag{9.17}$$

以及碰撞结束后质点最终的法向速度：

$$v_{1n} = -e v_{0n} \tag{9.18}$$

质点的切向速度保持不变。

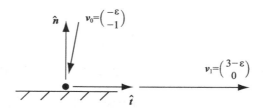

图 9-1 该示例表明：当接触模式发生变化时，需要确定碰撞的不同阶段

9.1.1 摩擦：一个不好的模型

现在考虑存在摩擦力时的情况（注：碰撞过程中的摩擦将导致问题变得复杂，我们中学所学的库仑摩擦模型此时可能将不再适用）。我们首先需要一个定律来确定切向冲量 I_t。作为首次尝试，我们可以选择直接扩展库仑定律：

$$I_t = sI_n \qquad (9.19)$$

其中

$$
\begin{array}{lll}
s=\mu & v_{0t}<0 & （向左滑动） \\
-\mu \leqslant s \leqslant \mu & v_{0t}=0 & （不动） \\
s=-\mu & v_{0t}>0 & （向右滑动）
\end{array}
$$

但这种方法效果并不是很好。考虑图 9-1 中示出的例子，假设质点与地面之间发生完全非弹性碰撞（$e=0$），并且假设此时摩擦系数很大（$\mu=3$）。当质点沿法线反方向与地面撞击时（$v_{0t}=0$），质点最终黏着在地面上，这与我们的期望结果相同。不过，当质点的初始速度为单位法向速度（实际上为法线的反方向）外加一个向左的微小切向速度，即：

$$v_{0n}=-1 \qquad (9.20)$$

$$v_{0t}=-\epsilon \qquad (9.21)$$

因为这是一个塑性碰撞，法向冲量将足以使法向速度为零：

$$I_n=m \qquad (9.22)$$

由于质点以向左滑动的模式撞击，所以切向冲量将是：

$$I_t=\mu I_n=3m \qquad (9.23)$$

那么最终的速度将是：

$$v_{1n}=0 \qquad (9.24)$$

$$v_{1t}=3-\epsilon \qquad (9.25)$$

用库仑摩擦模型计算的结果导致动能增加，因此库仑摩擦模型在这时候并不适用。

9.1.2 一个更好的模型

并不难看出我们在对摩擦碰撞定律的第一次尝试中出了什么问题。上述模型出现错误的主要原因在于：我们把"向左滑动"规则当作一个全局动作，将其应用于整个碰撞过程，即使在碰撞期间质点会变为"向右滑动"模式。就像我们先前将碰撞划分为压缩（compression）和恢复（restitution）阶段，这里我们将按照接触模式把碰撞划分为向左滑动（left sliding）、不动（fixed）和向右滑动（right sliding）几个阶段⊖。请注意在具体实例中，某些碰撞可能只涉及其中的一种或两种接触模式，因此我们不一定在每次碰撞中都

214

⊖ 详细讲来，我们把整个碰撞过程分为下列三个阶段：第一阶段为法线方向上的压缩和切线方向上的向左滑动；第二阶段为法线方向上的零速和切线方向上不动；第三阶段为法向方向上的恢复和切线方向上的向右滑动。这里描述的是最完备的一种情况。——译者注

能看到全部三个阶段。例如在图 9-1 的例子中，质点将从向左滑动阶段开始，然后切换到不动阶段，最终静止不动（rest）。

我们前面对摩擦碰撞三个阶段的讨论较为抽象。为了保持正确的阶段，Routh 描述了一种简单的图形化方法，它绘出了在碰撞过程中不断累积的冲量。考虑图 9-2 中所示的冲量空间（impulse space），我们可以十分容易地在冲量空间中描述各个阶段。首先考虑在泊松定义中压缩阶段和恢复阶段之间的区别，当法向速度为零时，碰撞由压缩阶段向恢复阶段切换。这给出了冲量空间的一条直线：$I_n = -mv_{0n}$。在这条直线下方，碰撞处在压缩阶段；在这条直线上方，碰撞处在恢复阶段。我们称之为压缩线，记作 c-line。类似地，当切向速度为零时，滑动模式由向左滑动往向右滑动转变。在冲量空间中它对应于另外一条直线：$I_t = -mv_{0t}$。在这条直线左侧，质点向前滑动（向左滑动）；在这条线上，质点不动；在这条线右侧，质点反向滑动（向右滑动）。这条直线称为黏着线，记作 s-line。

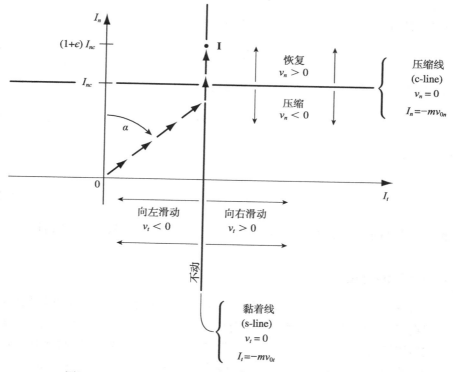

图 9-2   在冲量空间中使用 Routh 图模型来分析一个质点的平面碰撞

使用冲击空间和 Routh 图模型，我们可以对图 9-1 中质点与高摩擦系数平面之间的碰撞进行更为明智准确的分析，如图 9-3 所示。像先前一样，我们将以质点轻微向左漂移作为开始。初始状态下，不存在任何冲量，所以冲量从零开始，即 $I_n = I_t = 0$；其后（在碰撞的第一阶段中，由于法向方向上的压缩以及切向方向上的摩擦力作用），冲量沿着摩擦锥的右边缘（由于 $I_t=\mu I_n$，合冲量在冲量空间中的倾斜角为 $\alpha=\tan^{-1}\mu=\tan^{-1}3$）随时间不断累积。不过合冲量在很快地增加到一定程度后，首先与黏着线 s-line 相交，此处的切向速度为零（碰撞由第一阶段向第二阶段转变。I_n 继续增加，I_t 则不再增加）。此时在 Routh 图中冲量将沿黏着线增加，此时没有其他选项能给出与接触模式相一致的增长冲量。此后冲量继续增长，直至与压缩线 c-line 相交，这意味着法向速度将要改变方向，从压缩阶段变为恢复阶段（此时碰撞开始进入第三阶段）。如图 9-2 所示，将此时法向方向上的冲量累计值记为 I_{nc}，并计算碰撞结束时的总法向冲量 $(1+e)I_{nc}$。在第三阶段中，总冲量将沿着黏着线增长，直至与直线 $I_n=(1+e)I_{nc}$ 相交，这意味着碰撞结束。然而，当 $e=0$ 时，碰撞在压缩线处结束，如图 9-3 所示。因此，这个碰撞过程的三个阶段为：1）法向压缩，切向左滑；2）法向零速，切向不动；3）继续法向零速，切向不动。质点最终将黏着在地面上，体现为塑性碰撞。如果碰撞为弹性碰撞，质点将会直线向上反弹。

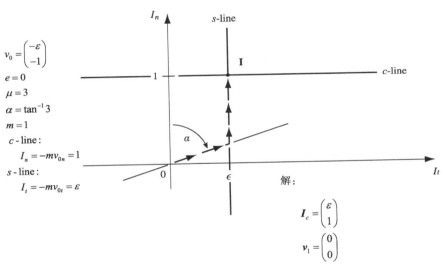

$\begin{array}{c}215\\ \wr\\ 216\end{array}$

图 9-3　使用 Routh 图模型分析图 9-1 中的问题

9.2　刚体碰撞

　　我们可以使用 Routh 的冲量空间来分析刚体碰撞。如图 9-4 所示，假设一个刚体与固定的刚体半平面之间发生碰撞。为了简化分析，我们相对于接触点来表示冲量－动量方程。首先，我们观察到一些运动学关系如下：

$$c = x + r \tag{9.26}$$

$$\dot{c} = \dot{x} + \dot{r} \tag{9.27}$$

$$= \dot{x} + \omega \times r \tag{9.28}$$

$$\Delta\dot{c} = \Delta\dot{x} + \Delta\omega \times r \tag{9.29}$$

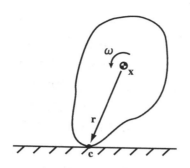

图 9-4 刚体碰撞中的符号

其中，c 是接触点，x 是质心，r 是从质心到接触点的半径向量，ω 是角速度。

现在我们可以写出冲量 – 动量定律如下：

$$m\Delta\dot{x} = I \tag{9.30}$$

$$\rho^2 m\Delta\omega = r \times I \tag{9.31}$$

217　将其代入到 $\Delta\dot{c}$ 的表达式（9.29）中得到：

$$\Delta\dot{c} = \frac{1}{m}I + \frac{1}{\rho^2 m}(r \times I) \times r \tag{9.32}$$

$$= \frac{1}{m}I - \frac{1}{\rho^2 m}r \times (r \times I) \tag{9.33}$$

$$= \frac{1}{\rho^2 m}(\rho^2 I_3 - R^2)I \tag{9.34}$$

其中，I 是一个 3×3 的单位矩阵，R 是叉积矩阵

$$R = \begin{pmatrix} 0 & 0 & r_n \\ 0 & 0 & -r_t \\ -r_n & r_t & 0 \end{pmatrix} \tag{9.35}$$

将式（9.35）代入到式（9.34）中并展开，我们得到：

$$\begin{pmatrix} \Delta\dot{c}_t \\ \Delta\dot{c}_n \end{pmatrix} = \frac{1}{\rho^2 m}\begin{pmatrix} (\rho^2 + r_n^2) & -r_t r_n \\ -r_t r_n & (\rho^2 + r_t^2) \end{pmatrix}\begin{pmatrix} I_t \\ I_n \end{pmatrix} \tag{9.36}$$

与质点一样，冲量 – 动量方程是线性的，所以黏着线和压缩线是通过 Routh 冲量空间中的线来描述。黏着线由方程 $\dot{c}_t = 0$ 定义，

$$\dot{c}_{0t} + \frac{\rho^2 + r_n^2}{\rho^2 m}I_t - \frac{r_t r_n}{\rho^2 m}I_n = 0 \tag{9.37}$$

类似地，压缩线由方程 $\dot{c}_n = 0$ 来定义

$$\dot{c}_{0n} - \frac{r_t r_n}{\rho^2 m} I_t + \frac{\rho^2 + r_t^2}{\rho^2 m} I_n = 0 \qquad (9.38)$$

与质点情形类似，我们可以使用黏着线和压缩线将碰撞划分为几个阶段，并使用库仑定律和泊松恢复系数来分析碰撞过程。下面举两个例子来说明。

例 1

如图 9-5 所示，一个长方形刚体与固定的刚体半平面之间发生碰撞。黏着线为：

$$-1 + 5I_t + 2I_n = 0 \qquad (9.39)$$

而压缩线为：

$$-1 + 2I_t + 2I_n = 0 \qquad (9.40) \quad \boxed{218}$$

其 Routh 图模型如图 9-6 所示，我们可以从图示的冲量空间中来追踪碰撞过程的发展：

1）法向压缩，切向左滑。合冲量沿着摩擦锥的右边缘方向（$\alpha = \tan^{-1}\mu$）增加。

2）合冲量与黏着线 s-line 相交之后，切向右滑，合冲量越过黏着线。此时切向冲量反向，合冲量沿着摩擦锥的左边缘方向（$-\alpha$ 方向）增加。此时不会出现静止，即沿着 s-line 增加的情况。

3）切向向右滑动，法向继续压缩。

4）合冲量与压缩线 c-line 相交，法向进入恢复阶段。注意法向冲量 I_{nc}。

5）法向恢复，切向继续向右滑动。

6）当 $I_n = (1+e)I_{nc} = 1.5 I_{nc}$ 时，碰撞结束。

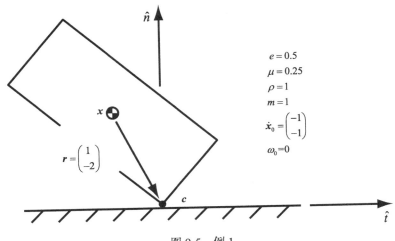

$$e = 0.5$$
$$\mu = 0.25$$
$$\rho = 1$$
$$m = 1$$
$$\dot{x}_0 = \begin{pmatrix} -1 \\ -1 \end{pmatrix}$$
$$\omega_0 = 0$$

$$r = \begin{pmatrix} 1 \\ -2 \end{pmatrix}$$

图 9-5　例 1

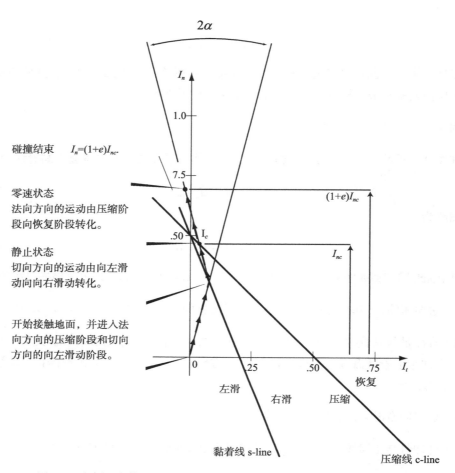

图 9-6　在例 1 中使用 Routh 图模型来分析正方形刚体与地面之间的碰撞

例 2

我们的第二个例子是 8.8 节中处理过的滑杆问题，如图 9-7 所示。代入各个参数，可得黏着线为：

$$-1 + 17I_t - 4I_n = 0 \tag{9.41}$$

压缩线为：

$$-4I_t + 2I_n = 0 \tag{9.42}$$

注意到压缩线是通过原点的一条直线，这是因为初始法向速度为零。因此，很难想象这个问题可被看作是一个碰撞问题，但我们将继续，然后再来回答这一问题。

图 9-8 中的 Routh 图模型中示出了滑杆问题的冲量空间。在起始的第一阶段，滑杆在法线方向上（由于受重力作用）处于压缩，在切线方向上向左滑动。此时合冲量沿摩

擦锥右边缘方向增加。当合冲量与黏着线 *s*-line 相交时，碰撞在法线方向上继续压缩，而在切向方向上则有三种可能需要考虑：合冲量不能沿着摩擦锥的右边缘方向继续增加，因为它将穿过黏着线而进入右滑模式；合冲量也不能切换到摩擦锥的左边缘，这将使其回到左滑模式；唯一符合一致性的选项是遵循落在摩擦锥内部的黏着线继续前进。

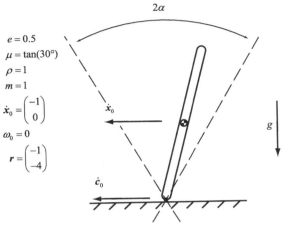

图 9-7　不存在有限力解答的一个滑杆问题

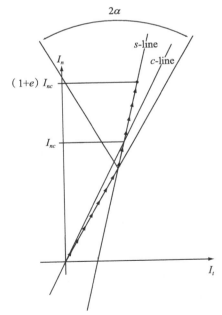

图 9-8　使用 Routh 图模型分析求解滑杆问题将给出一个冲击力

当合冲量穿过压缩线之后，碰撞（在法线方向上）切换到恢复模式，并持续到冲击完成。

Routh 模型图方法提供了一种解决方案；它与冲量－动量方程、库仑滑动摩擦定律以及泊松恢复系数假设相一致。唯一有争议的问题是：当初始法向速度为零时，对于切向碰撞（tangential impact）使用碰撞解是否有意义。对此我们有两个赞成的理由。首先，在这种情况下至少没有其他的解决方案——没有一个与相关公理一致的有限接触力集合，但 Routh 模型图方法仍很好地解释了例 2 中的碰撞过程；其次，其分析结果与我们日常生活中的常识也是一致的。比如，当你穿着一双橡胶鞋在清洁的地面上走动时，偶尔不注意的时候（比如脚抬得太低或走得过快），有可能会被绊一跤。

最后需要注意，牛顿对恢复系数的定义在切向碰撞时并不适用。由于初始的法向速度为零，牛顿的恢复系数此时没有意义，它无法区分弹性碰撞和塑性碰撞。这时，泊松的定义很适于切向碰撞。

219
～
222

9.3   文献注释

本章中介绍的对碰撞的分析主要是基于王煜的研究（1992），后者则基于 Routh 方法（1913）。（Stewart，1998）则统一了对碰撞和有限力的处理，并且表明了切向碰撞解决方案精确地发生在当有限力解决方案失效的时候。

目前有很多对碰撞进行建模的方法，但它们都不是完备的。其中比较好的方案可以参考 Chatterjee 和 Ruina 的论文（1998）。这篇论文在冲量空间里对各种建模方法进行了比较，其总结出的新方法取了各家的优点并避免了许多缺陷。此外，有兴趣的读者可以参考（Stewart，2000）这篇论文，其中综述了对刚体碰撞过程中的摩擦研究的较新成果。

习题

9.1：重复例 1 中的分析，但此时的初始角速度为 1rad/s。给出黏着线和压缩线的方程，并绘制出 Routh 冲量空间模型图，从而确定合冲量。

9.2：重复例 1 中的分析，但此时的回转半径为 2。给出黏着线和压缩线的方程，并绘制出 Routh 冲量空间模型图，从而确定合冲量。

9.3：例 1 中的碰撞模式被称为"反向滑移"，这是因为滑移方向发生了变化，在该例中从向左滑动变换到向右滑动。当摩擦系数 μ 足够大时，滑动将停止而非反向。计算能够使滑动方向保持不变的 μ 的最小取值，并绘制 Routh 冲量空间图模型。

223

动态操作

在第 1 章中我们介绍了操作的分类：首先以运动学操作作为开始，而后介绍静态操作和准静态操作，最后介绍了动态操作。从某种程度上讲，机器人研究的进展也遵循了同样的历程。对于运动学操作问题，有很多理论性的和经验性的相关研究。准静态操作受到的关注虽然较少，但仍算是比较成熟。相比之下，动态操作还处在形成阶段。一些有远见的研究人员多年前就开始了对动态操作的研究，奠定了研究基础并提出了很多关键概念。但是，对动态操作力学机理的研究仍处于发展阶段。

本章综述了研究文献中几个典型的动态操作实例。按照操作中动态程度的不同，综述内容可组织如下：从勉强动态（barely dynamic）操作逐渐推进到完全动态操作。在该谱系中"勉强动态"端（此时动态程度最低）是准静态操作（quasidynamic manipulaton），其中的动态时间段十分短暂，以致在建模过程中我们可以将其忽略不计。接下来，我们将考虑短暂动态（briefly dynamic）操作，其标志是操作过程会短暂地游离到动态，其余时间则是更为保守的运动学或准静态时间段。最后，我们考虑连续动态（continuously dynamic）操作，其中动态过程在较长的时间段内持续进行。

10.1 准动态操作

准动态分析介于准静态和动态两者之间。假设在一个（准动态）操作任务中，偶尔会有不存在准静态平衡的短暂时间段。那么在该操作任务中，物体的运动由牛顿定律决定。但在某些情况下，这些时间段是如此短暂，从而使加速度的积分无法引起速度的改变。物体的动量和动能可以忽略不计，碰撞中的恢复也可以忽略，就好像有一种粘性介质使得所有的速度不断衰减，在不断吸收着所有运动物体的动能。对这种系统的分析方法通常是先假设该系统处于静止状态，计算所有的力和物体的加速度，然后将各个物体沿对应的方向移动一小段距离（来计算物体在下一时刻的位置）。

准动态分析比动态分析更为简单，并且在某些情况下也足够精确。其最明显的优点是：在准动态分析中，一个机械系统的状态变量即为它的位形——仅为动态分析所需状态变量数目的一半。在本节的剩余部分，我们通过一个托盘倾斜的例子来讲解准动态分析。

托盘倾斜[a]

本节中我们将介绍关于准动态操作的一个例子，并说明如何用 8.10 节中的动态分析来控制托盘的倾斜，从而对内六角扳手进行操作。除了准动态这一假设之外，我们也将假定扳手与托盘底板之间的摩擦可以忽略不计。如图 10-1 所示，我们将假设扳手的初始位置位于沿托盘底壁的某处，并且扳手短边与托盘壁对准。我们的操作目标是将扳手移动到托盘的左下角。

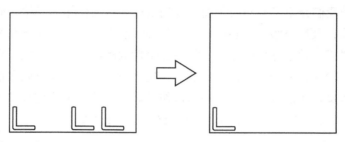

图 10-1　我们的目标是将扳手从左图中的初始位置（托盘底壁的任何位置）移动到右图中的目标位置，即托盘的左下角

第一个问题是：通过倾斜托盘，内六角扳手可以实现什么样的运动？首先我们看一下左下角的目标位形。8.10 节分析了该位形的动力学。图 8-8 确定了所有可能的接触模式，而图 8-9 分析了"rsrs"这种接触模式，其中扳手为两点接触并按逆时针方向旋转。现在考虑下列问题，能否通过倾斜托盘来生成"rsrs"这种模式？当倾斜托盘时，我们得到一个通过质心的重力；对应的对偶力[b]在无穷远处。不幸的是，图 8-9 中所示对偶力三角（对应于"rsrs"模式），它并不与无穷远处的线相交。因此，无论怎样倾斜托盘都不可能生成"rsrs"这种接触模式。

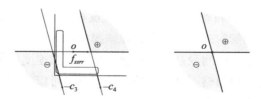

图 10-2　通过力矩标记方法来分析"ssrr"模式（两点接触向右滑动）

通过对图 8-8 中的各种接触模式重复进行上述分析，我们可以确定通过倾斜托盘能够生成的每一个动作。图 10-2 中分析了"ssrr"模式——以两点接触方式向右滑动。具体实现过程可以采用图 8-10 中的对偶力方法。不过我们现在改用力矩标记法，这是因为很多对偶力动作将会在无穷远处。对于每种接触模式，其方法如下：

⊖　托盘倾斜在 8.10 节中介绍内六角扳手的平面多点接触问题时已经有过提及。——译者注
⊜　即加速度中心。——译者注

1）确定加速度中心的集合，并采用对偶变换求得动态负载 f 的力矩标记表示。

2）对每个可能的接触力 c_i，将其反向并构建力矩标记表示。

3）对所有的正标记区域和所有的负标记区域取交集，从而得到外界施加的作用力旋量，它采用力矩标记表示。

对于我们现有的情形而言，其加速度中心在无限远处，如图 8-8 所示。它的对偶力，即动态负载，是通过物体质心且方向朝右的一个力，如图 10-2 所示。对于向右滑动这种情形，两个可能的接触力是两个可能接触点处所对应摩擦锥的左边缘。我们将这两个接触力反向，进行区域标记，并对所标记的区域取交集。结果便得到了可能生成" ssrr"这种模式的所有力旋量，如图 10-2 所示。

为了确定那些可以通过倾斜托盘而生成的力旋量，我们在质心处添加一个标记为 ± 的单点，并取凸包。其结果得到一个位于质心的简单锥体，它指示托盘的哪个倾斜方向将会生成" ssrr"这种模式——两点接触向右滑动。

使用这种方法对图 8-9 中的所有接触模式进行分析，其中只有四种模式可以通过倾斜托盘来实现：沿托盘底壁向右滑动" ssrr"、沿托盘左壁向上滑动" llss"、完全分离" ssss"以及静止不动" ffff"。构建每个模式所对应的锥体，这将给出从这个位形开始的全部可行动作的一个完整映射，如图 10-3 所示。

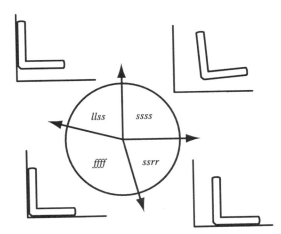

图 10-3　图中的映射表明了内六角扳手通过倾斜托盘而生成的每个动作，假设内六角扳手起初位于托盘的左下角

注意图 10-3 中所示的是当内六角扳手的初始状态为托盘左下角时可实现的操作，当扳手的初始状态为处在托盘的底壁但不与任何侧壁接触时，可实现的操作及其对应的倾斜区域如图 10-4 中的左图所示。具体的分析过程由读者自行练习。图 10-4 中左图与图 10-3 一样，有四种接触模式可以通过倾斜托盘来实现，其中的一种可以将内六角扳手移动到目标状态（处在托盘底壁但不与任何侧壁相接触的接触方式）并且不与任何侧壁相

接触的状态。

图 10-4 中的右图示出了一个组合映射，它给出了当内六角扳手初始位于托盘底壁或左下角时，通过倾斜托盘能得到的全部可能动作。从图示的映射中，对于无论哪种初始条件，我们都可以找到一个适宜范围的倾斜角度来达到目标。

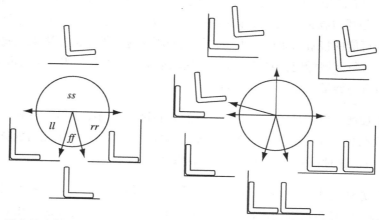

图 10-4　图中的映射表明了内六角扳手通过倾斜托盘而生成的每个动作。其中左图中假设内六角扳手起初位于托盘底壁，右图中则假设内六角扳手起初位于托盘底壁或左下角

10.2　短暂动态操作

在短暂动态操作中，除动态阶段外还包括了运动学或准静态时期，其中每个动态阶段都有一定的时间跨度。一个明显的例子是高速抓取运动（例如抓取高速飞过的棒球），其效果可能取决于碰撞和动态力，但该动作以将物体抓在手中的形封闭作为结束。另一个不太明显的例子是使用双手玩三个球的杂耍。双手数目的限制决定了在任何时候都至少有一个球在飞行。然而如果从单个球的角度来看，我们看到飞行相（动态阶段）与单手相交替出现，其中单手相可能属于运动学操作或准静态操作。因此，双手杂耍三个球在某种程度上可以看作是三个并行的短暂动态过程。本节通过 Shannon 杂耍来详细讨论双手杂耍这样一个短暂动态操作。

Shannon 杂耍

一般认为，第一台能表演自动杂耍的机器是由 Claude Shannon（香农，信息论创始人）发明的。这台机器采用双手来杂耍三个球。该机器采用了一种被称为反弹杂耍（bounce juggling）的手法，这通常意味着每个球在抛和接这两个动作中间通过地面反弹。如图 10-5 所示，该设计中的双手其实是两个托槽，托槽内装有吸能材料制成的垫子，两个托槽安装在一个大致水平的摇臂两端。一个机构带动摇臂绕其中心摆动。当每个托槽运行到其行程的最高点时，球被抛出托槽后落到机器下方的鼓面上，然后被反弹入另一个托槽中，因为该托槽接近其行程的最低点。投掷动作很简单，因为托槽不需要精密控制来生成期望的小球运动，该机器中也没有一个精心制作的机构来准确控制小球的释放时间。

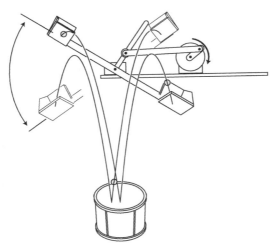

图 10-5　Schaal 根据 Shannon 杂要原理制造的双手三球杂要机（1992）

这台机器为什么能够工作呢？机器的动作是不变的，因而似乎没有什么机构来检测和修正小球与正确路径之间的偏差。托槽中能吸收能量的内衬是关键。小球在被接住后沿着缓冲垫滚动到托槽底部，在下一个周期开始前，小球在本周期内的运动误差都被缓冲垫给抵消了，因而各周期的误差不会累计，这保证了每个周期的可重复性。消除不确定性通常与消除动能联系在一起，这种联系由 Liouville 定理给出。对于具有 n 个自由度的一个动力学系统，我们可以使用它的相位（phase）来表示其状态空间，相位包括 n 个位形变量和 n 个动量变量。用相位空间表示该系统所有的可能状态的轨迹，该系统的一个状态对应于相位空间中的一个点，一个不确定性系统可由相位空间中的一个不确定性点云来表示。Liouville 定理指出：对于一个 Hamilton 系统（它可能包括一个被动吸能的机械系统），相位空间中的不确定性点云区域的大小保持恒定不变。不确定性点云的位置和形状可能会随系统状态的改变而改变，但其大小不会改变。因此，为了稳定小球的飞行而实现 Shannon 杂要，我们必须违反 Liouville 定理的假设而避免使用被动吸能系统，即必须将杂要机器设计成一个非 Hamilton 系统。一个可行的方法是在托槽内覆盖可以吸能的泡沫塑料。

10.3　完全动态操作

某些任务是连续动态的，其中并不包含任何运动学操作或准静态操作的间歇周期。不使用吸能泡沫的双手杂要就是一个完全动态操作的例子。但本节中我们将考虑跑和跳这两种动态移动方式。

运动（locomotion）可以看作是操作的一种特殊形式，这是因为它是把物体从一个位置移动到另一个位置的过程。许多过程是相似的，并且共享一些基本力学原理，特别是接触摩擦是关键⊖。

腿式机器人及其步态通常被表征为静态稳定或动态稳定的。这些大致对应于我们的准静态操作和动态操作概念。图 10-6 中给出了一个典型的静态分析。一个支撑多边形（support polygon）定义为全部有效支撑构成的凸包。假定动态力可以忽略不计，此时只要重心投影位于支撑多边形之内，机器人便不会翻倒。

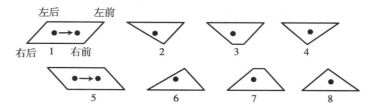

图 10-6　在一个静态稳定的步态中，质心永远处于支撑多边形的上方。这个四足机器人
　　　　的脚处于支撑多边形的顶点处，而质心投影为图中的黑点。该图选自 Raibert
　　　　（1986），其参考的是 McGee and Frank（1968）

对室内移动机器人的典型分析可能被称为"运动学移动"（kinematic locomotion）。其中往往可以忽视所有的稳定性问题，并且假设车轮不会打滑，从而使机器人的运动可由运动学知识完全确定（例如，参见 2.5 节中关于独轮车和小车的例子）。

动态腿式运动包括跳跃、跑步或具有显著动态力的行走。由 Raibert 和他的同事们建造的跑步和跳跃机器说明了其中的原则（图 10-7）。Raibert 等人起初先建造可在二维空间中工作的单腿跑步机器，然后将其原理扩展到多种机器中，包括在二维或三维空间中工作的单腿、双腿或四腿机器。这些机器可以执行多种跑的步态，包括小跑（trotting）、步行（pacing）和跨步跑（bounding）。这些机器还可以执行一些体操动作：空中技巧（aerial）和翻转（flip）。

虽然 Raibert 和他的合作者在分析和设计阶段使用了复杂的动态模型，这些机器在实际工作时只采用简单的反馈控制系统。如图 10-7 所示，通过弹跳时向地面主动施力（当机器人在地面上时，向其注入少许能量）来保证垂直跳跃周期的稳定性。一个线性控制器通过在弹跳时向机器人腰部施加力矩来保证其身体俯仰方向的稳定性。通过改变腿和地面的接触点来控制机器人的前进速度。

⊖　locomotion 侧重于指机器人或动物自身在空间中的位置移动。Locomotion 和 manipulation 其实是一对对
　　偶问题，locomotion 中是机器人相对于静止地面移动，而 manipulation 中则是机器人移动其他物体。关
　　于此部分的详细讨论，参照原书作者提供的电子教案。——译者注

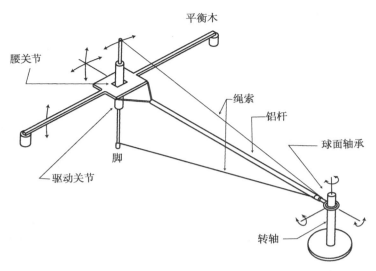

平衡木

腰关节

绳索

铝杆

球面轴承

脚

驱动关节

转轴

图 10-7　平面单足弹跳机器人。取自（Raibert，1986）

任何熟悉结冰路面的人都知道摩擦接触在运动（locomotion）中的重要性，无论是动态运动或其他方式的运动。但准静态运动和动态运动之间存在一个真正的区别：准静态运动只通过摩擦接触的几何关系便可保持稳定，动态运动则必须保持动态周期的稳定。

在随后的工作中（在本章的文献注释部分中有所叙述），研究人员将动态运动的某些经验教训应用到了操作任务中，他们还探索了不使用主动伺服来实现动态运动稳定性的方法。

10.4　文献注释

对于动态操作的一般讨论和综述，参见（Koditschek，1993）。（Raibert，1986）讨论了动态运动，并对运动（locomotion）和操作（manipulation）进行了比较。

准动态操作（quasidynamic manipulation）

（Erdmann 和 Mason，1988）探讨了托盘倾斜实验中的自动分析和规划，他们使用了我们现在称之为准动态的分析方法。（Yokokohji 等人，1993）可能是首次将准静态（quasidynamic）一词引入字典。与之相关的近期工作，参见（Erdmann，1998）。

短暂动态操作（briefly dynamic manipulation）

（Hove 和 Slotine，1991）对机器人编程以执行捉球动作。通过使用立体视觉来预测球的路径，机器人手臂能很快地达到匹配速度，同时闭上手指抓住小球。

在下列文献（Arai and Khatib, 1994; Lynch and Mason, 1999）中也讨论了动态滚动和投掷。碰撞和动态滑动是在文献（Huang 等人 ,1995;Huang,1997）中得到解决的。

杂耍（juggling）

我们对杂耍的定义相当宽泛，从而使其可以包括能够通过捕捉、投掷或敲击等方式控制飞行物体运动的任何机器。根据这一定义，跑步其实是一种自我杂耍（self-juggling），乒乓球游戏则是对抗性的杂耍，虽然这些话题经常分开考虑。

第一个杂耍机器便是前面介绍过的 Shannon 杂耍机器。Shannon 并没有在任何刊物中描述过他的动态杂耍机器，但是可以参照文献（Schaal 等人，1992）中的描述来了解与之类似的一个杂耍机器，机器人甚至可以实现五个小球的杂耍动作。

（Sakaguchi 等人，1991）以及（Miyazaki，1993）使用单只机械手实现了对一或两个球的机器人杂耍。其中机械手采用一个椭圆运动，并通过感知到的小球路径对该运动进行修正。机械手是一个简单的漏斗，球看起来很柔软。他们还描述了能完成球在杯中（ball-in-cup）游戏的一个机器人。

KODITSCHEK/BUHLER/RIZZI 杂耍机器

棒击（使用杆棒击打）意味着在执行器与抛射物之间产生单个碰撞，从而改变抛射物的前进方向。它将捕捉和投掷整合在单个碰撞里。（Buhler 和 Koditschek，1990）描述了一种机器，该机器中单个杆通过绕其中心旋转来击打倾斜平面上的冰球，目标是使冰球实现稳定的循环弹跳，同时稳定冰球在杆上的水平位置。Buhler 和 Koditschek 发现了一个非常简单的、被称为镜像定律（mirror law）的反馈定律，它能够稳定一个冰球或同时稳定两个冰球。从本质上讲，杆的运动镜像了冰球的运动。为了杂耍两个冰球，控制器具有一种趋向于亟待关注的那个冰球的机制，以及使两个冰球保持在反相位的控制项。（Rizzi 和 Koditschek，1992）将该原理扩展三维，在三维空间中击打两个乒乓球。

ATKESON 杂耍机器

Chris Atkeson 和他的同事们开发了一系列的杂耍机器，并使用它们探索机器学习中的问题。（Aboaf 等人，1987）描述了一个机器人，它可以反复改进其投掷动作，从而更准确地投掷小球。在之后的工作中，（Aboaf 等人，1989）描述了一个可以在三维空间中击打单个小球的系统；该系统也会随着经验的积累而改进其表现。

（Schaal 等人，1992）建造了一个特殊的魔棒（devil stick）机器人。在该机器中，两个执行棒通过一个弹性关节安装在一个躯干上，一个魔棒在两个执行棒之间被来回击打。每个执行棒击打魔棒的撞击中心，然后停止执行棒的动作、并将其能量暂时存储在弹性关节中。其后能量被传递回魔棒，使得魔棒被投掷到另一个执行棒上。为了使问题简化，在安装魔棒时使它只有 3 个自由度，而不是通常的 6 个自由度。

其他杂耍机器（other jugglers）

东京大学的 Miura 建造的机器人可以玩日本版的球在杯中游戏（kendama，剑玉游戏）和陀螺游戏，在陀螺游戏中，机器人使用绳子投掷陀螺使其旋转。

乒乓球（ping pong）

如果我们把向空中击打乒乓球当作一种类型的杂要，那么乒乓球比赛可被视为对抗性的杂要。Russ Andersson 在贝尔实验室建立一个可以打乒乓球的系统，这肯定是有史以来最令人兴奋的一个机器人（Andersson, 1989）。

机器人玩的是一种经过修改的乒乓球比赛：乒乓球桌的尺寸要小一些，球网更高一些，并且乒乓球必须通过球桌两端的正方形线框。因而，现有的机器人技术可以胜任这样的比赛。比赛节奏有所放缓，但它仍然是一个具有挑战性的动态游戏。Andersson 的机器人足以打败我，不过我相信我将会赢得复赛。

该机器人使用多个相机追踪球在三维空间中的轨迹。一个小型工业机械臂上安装有一个带有很长手柄的球拍。机器人的规划算法中包含有乒乓球的飞行和碰撞模型，规划算法使用这些模型为球拍规划出一条标称轨迹。然后通过迭代仿真、并根据对小球运动的更好估计来调整目标，从而对该标称轨迹进行提炼改进。

动态运动（dynamic locomotion）

操作中最有意思的一些工作，特别是机器人杂要，与对动态机器人运动的研究之间有很强的联系。最好的例子是前面叙述的跑步和跳跃机器（Raibert, 1986）。

有很多其他机器也展示了其在动态行走或其他动态任务中的能力。东京大学的 Miura 和 Shimoyama 建造了一个小型行走机器人，其动作类似于人踩高跷时的行走（Miurat 和 Shimoyama, 1984）。

（McGeer, 1990）建造了具有类人步态的一个机器，其中没有电机、传感器或计算机。这样设计的目的是用机器的本征动态行为来产生稳定的行走模式。

同样还有涉及夹捏（prehension）动作的运动研究例子，如最初由 Saito 等人开发的臂状机器人（brachiating robot）（1994）。

习题

10.1：为我们在图 10-4 中跳过的过程提供细节。使用 Reuleaux 方法对每个运动学上可行的接触模式确定其加速度中心，如图 8-8 中那样。对于每个这样的模式，使用力矩标记方法来构造对应的作用力旋量。将标记为 ± 的质心添加到标记区域并取凸包。将结果表示为通过质心的作用力锥。

无 限 远 点

第一印象有时会对人产生误导。与真实世界相比，无限远处的点在刚开始看起来时可能会显得不可救药的抽象和与世隔绝。与这种直观印象相反，无限远处的点可以抓住了非常实际的方向（direction）概念，它同时又为各种问题提供了有效的解决方法。[⊖]

在本附录中，我们以欧氏平面 $\mathbf{E}^2$ 作为开始，并在其中添加一些无限远点（*points at infinity*），用来得到射影平面（*projective plane*）$\mathbf{P}^2$。然后，我们探索有关无限远点以及射影平面的一些基本性质。在构建无限远点时，使用齐次坐标最为简便。通常我们会用两个坐标值 (x,y) 来表示欧氏平面内的点。齐次坐标引入了明显冗余的第三坐标 w，它被当作一个比例因子。如果我们对 w 加以限制，令其不等于零，通过使用下列映射，我们可以使用齐次坐标来表示欧氏平面：

$$
\begin{pmatrix} x \\ y \\ w \end{pmatrix} \mapsto \begin{pmatrix} x/w \\ y/w \end{pmatrix}, w \neq 0 \tag{A.1}
$$

有时为了方便起见，我们对欧氏平面上的点采用如下惯例，即令 $w=1$。

注意到，我们可以对一个点的齐次坐标进行缩放，同时又不影响该点：

$$
\begin{pmatrix} ax \\ ay \\ aw \end{pmatrix} \mapsto \begin{pmatrix} ax/aw \\ ay/aw \end{pmatrix} = \begin{pmatrix} x/w \\ y/w \end{pmatrix}, a, w \neq 0 \tag{A.2}
$$

我们现在将无限远点定义为齐次坐标等于 $(x, y, 0)$ 的一点。射影平面是指在增加了无限远点的欧氏平面。

但是这些无限远点处于什么位置呢？我们如何知道增加这些点是否存在几何意义？对这些问题的仔细处理远远超出了本附录所涵盖的内容，本附录并不想对上述问题详细探讨。相反，本目录旨在通过一些简单构造给读者提供些许启发。如图 A-1 所示，齐次坐标 (x,y,w) 构成了一个三维空间。欧氏平面通过所有齐次坐标为 $(x, y, 1)$ 的点来表示，此即为 $w=1$ 这一平面。给定任意一点，其齐次坐标为 (x,y,w)，其中 w 不等于零，我们可以将该点坐标缩放到原始大小的 $1/w$，并将其投射到欧氏平面上。这就是从齐次

⊖ 该附录可参照原书作者电子教案第二章中关于投影几何的内容。——译者注

坐标系统到平面 $w=1$ 的一个中心投影（central projection），中心投影给出了关于欧氏平面齐次坐标表示的一个极好的几何图像。然而，无限远点在这种投影方式下不会被映射到任何地方。

236 ~ 237

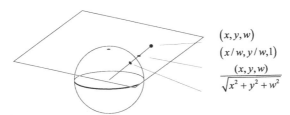

图 A-1   一个球面到平面的中心投影。球面上的对极点映射到平面上；处于赤道线上的所有对极点则被映射到无限远线[⊖]

为了解决无限远点的齐次坐标表示问题，我们在齐次坐标空间中构建单位球，并对该球做中心投影。每个点都会被映射到球面上的两个对极点。现在考虑初始的欧氏平面 $w=1$。每个这样的点都会被映射到处于上半球面的一个单点，以及处于下半球面的第二个点。在平面上的一点"趋于无限远"时，考虑其在上半球面上投影点的运动。此时该投影点趋向于向球面赤道（上下球面的分界线）方向运动，但从来没有完全到达赤道。换个角度，如果我们能操控球面上的点，我们便可将其移动到赤道上，并将其移进下半球面。这样，在原始欧氏平面上的点将会消失，然后从相反的方向重新出现。

向球面做中心投影是解决几乎所有与射影平面相关问题的一种简便方法。例如，我们如何知道射影平面满足欧几里得的"两点确定一条线"这一公设呢？在射影平面上的一个点是通过球面上的一对对极点来表示的，或者等效地，通过穿过齐次坐标空间原点的一条线来表示。那么，射影平面内的两个点将确定两条穿过齐次坐标空间原点的线，这将反过来确定穿过齐次坐标空间原点的一个平面。该平面与单位球相交于一个大圆，并且通常与平面 $w=1$ 相交于一条线。因此，我们可以将射影平面内的一条线当作是穿过齐次坐标空间原点的一个平面，或者是单位球面上的一个大圆（带有已确定的对极点）。对于射影平面内任何两个不相同的点，这种构造方法可以生成唯一的一条线。

通过类似的推理，可以证明：所有的无限远点都将落在单条线上，即无限远线（line at infinity），它对应着齐次坐标空间内单位球体上的赤道线。还可以证明，欧氏平面内的

⊖ 在齐次坐标空间中，定义内嵌欧氏平面为 $w=1$，内嵌球面为 $x^2+y^2+w^2=1$。穿过其次坐标点 (x, y, w) 和 $\mathbb{R}^3$ 原点的一条直线，它可能与球面相交于一对对极点，其中上半球面对极点的坐标在图中给出，该直线与欧氏平面交点的齐次坐标为 $(x/w, y/w, 1)$。对于 $\mathbb{R}^3$ 原点的直线，如果其与球面交点穿过赤道线，那么该直线与欧氏平面 $w=1$ 没有交点，此时也可认为交点处于无限远处，即理想点，其齐次坐标记为 $(x, y, 0)$。我们可以将射影平面 $\mathbf{P}^2$ 定义为穿过 $\mathbf{E}^3$ 原点的所有直线组成的集合。那么，$\mathbf{E}^2$ 中的一条直线可以用通过 $\mathbf{E}^3$ 原点的一个平面表示。所有的理想点将构成一条线，称为理想线，它对应于内嵌球面上的赤道线。——译者注

平行线对应的映射线则相交于无限远点，但是射影平面内不存在平行线。由于我们通常认为平行线享有一个共同的方向，无限远点使得方向这一常见的概念更加形式化。

因为在射影平面内不存在平行线，人们可以采用"两线确定一点"这一公设，而不是欧几里德的平行线假设⊖。这种对欧氏几何的远离，产生了点和线之间的对偶——对于每个公理而言，我们可以交互其中的"点"和"线"这两个词，而得到另一条公理。同样的，在一个定理中做同样的词语交换，可以生成另外一个定理。

使用齐次坐标，可以将所有这些概念推广到三维欧氏空间。三维射影空间包括一个无限远点组成的平面。平行线相交于无限远的一点。平行平面相交于无限远的一条线。三维射影空间具有与四维欧氏空间相同的拓扑结构，带有确定的对极点，这与穿过四维欧氏空间原点的所有线条组成的集合相同。

还有一个注意事项就是命名。无限远的点通常被称为理想点（ideal point），它们构成了理想线（ideal line）和理想平面（ideal plane）。

总结：

- 无限远点是有明确数学定义的、对欧氏平面的补充。
- 使用齐次坐标 $(x, y, 0)$ 可以方便地表示无限远点。
- 无限远的点构成了射影平面内的一条线。
- 欧氏平面内的平行线，当其被映射到射影平面时，相交于无限远的一点。
- 射影平面的拓扑结构与带有确定对极点的球面相同，并且与所有穿过三维欧氏空间内的一个给定点的直线组成的空间相同。

⊖ 即欧几里得第五公设：过线外一点，恰有唯一的平行线。在欧氏几何中，两条平行线无法确定一点，因而没有"两线确定一点"这一公设。——译者注

参 考 文 献

Aboaf, E. W., C. G. Atkeson, and D. J. Reinkensmeyer (1987). Task-level robot learning: Ball throwing. AI memo 1006, Massachusetts Institute of Technology.

Aboaf, E. W., S. M. Drucker, and C. G. Atkeson (1989). Task-level robot learning: Juggling a tennis ball more accurately. In *IEEE International Conference on Robotics and Automation*, Scottsdale, AZ, pp. 1290–1295.

Alexander, J. C. and J. H. Maddocks (1993). Bounds on the friction-dominated motion of a pushed object. *International Journal of Robotics Research 12*(3), 231–248.

Altmann, S. L. (1989, December). Hamilton, Rodrigues, and the quaternion scandal. *Mathematics Magazine 62*(5), 291–308.

Andersson, R. L. (1989). Understanding and applying a robot ping-pong player's expert controller. In *IEEE International Conference on Robotics and Automation*, Scottsdale, AZ, pp. 1284–1289.

Arai, H. and O. Khatib (1994). Experiments with dynamic skills. In *1994 Japan–USA Symposium on Flexible Automation*, pp. 81–84.

Asada, H. and A. B. By (1985, June). Kinematic analysis of workpart fixturing for flexible assembly with automatically reconfigurable fixtures. *IEEE Journal of Robotics and Automation RA-1*(2), 86–94.

Ball, R. S. (1900). *The Theory of Screws*. Cambridge University Press.

Baraff, D. (1990, April). Determining frictional inconsistency is NP-complete. Department of Computer Science 90-1112, Cornell University.

Baraff, D. (1993). Issues in computing contact forces for non-penetrating rigid bodies. *Algorithmica 10*, 292–352.

Barraquand, J. and J.-C. Latombe (1991). Robot motion planning: A distributed representation approach. *International Journal of Robotics Research 10*, 628–649.

Barraquand, J. and J.-C. Latombe (1993). Nonholonomic multibody mobile robots: Controllability and motion planning in the presence of obstacles. *Algorithmica 10*, 121–155.

Bicchi, A. and V. Kumar (2000). Robotic grasping and contact: A review. In *IEEE International Conference on Robotics and Automation*, pp. 348–353.

Blind, S. J., C. C. McCullough, S. Akella, and J. Ponce (2000). A reconfigurable parts feeder with an array of pins. In *IEEE International Conference on Robotics and Automation*, pp. 147–153.

Boothby, W. M. (1975). *An Introduction to Differentiable Manifolds and Riemannian Geometry*. Academic Press.

Boothroyd, G. (1992). *Assembly Automation and Product Design*. Marcel Dekker.

Bottema, O. and B. Roth (1979). *Theoretical Kinematics*. North-Holland.

Brockett, R. W. (1990). Some mathematical aspects of robotics. *Proceedings of Symposia in Applied Mathematics 41*, 1–19.

Bronowski, J. (1976). *The Ascent of Man*. Boston: Little, Brown.

Brost, R. C. (1988, February). Automatic grasp planning in the presence of uncertainty. *International Journal of Robotics Research 7*(1), 3–17.

Brost, R. C. (1991a, January). *Analysis and Planning of Planar Manipulation Tasks*. Ph. D. thesis, Carnegie Mellon University, School of Computer Science.

Brost, R. C. (1991b). Computing the possible rest configurations of two interacting polygons. In *IEEE International Conference on Robotics and Automation*, Sacramento, CA.

Brost, R. C. and K. Y. Goldberg (1996, February). A complete algorithm for designing planar fixtures using modular components. *IEEE Journal of Robotics and Automation 12*, 31–46.

Brost, R. C. and M. T. Mason (1989, August). Graphical analysis of planar rigid-body dynamics with multiple frictional contacts. In *International Symposium on Robotics Research*, Tokyo, Japan, pp. 293–300. Cambridge, MA: MIT Press.

Bühler, M. and D. E. Koditschek (1990). From stable to chaotic juggling: Theory, simulation, and experiments. In *IEEE International Conference on Robotics and Automation*, Cincinnati, OH, pp. 1976–1981.

240 ~ 241

Chatterjee, A. and A. Ruina (1998). A new algebraic rigid body collision law based on impulse space considerations. *ASME Journal of Applied Mechanics 65*, 935–950.

Cheng, H. and K. C. Gupta (1989, March). An historical note on finite rotations. *Journal of Applied Mechanics 56*, 139–145.

Collias, N. E. and E. C. Collias (1984). *Nest Building and Bird Behavior*. Princeton University Press.

Crenshaw, J. W. (1994, May). Programmer's toolbox: The hard way. *Embedded Systems Programming*, 11–22.

De Fazio, T. L. and D. E. Whitney (1987). Simplified generation of all mechanical assembly sequences. *IEEE Transactions on Robotics and Automation RA-3*(6), 640–658. errata in RA-6(6), 705–708.

Erdmann, M. (1998). An exploration of nonprehensile two-palm manipulation. *International Journal of Robotics Research 17*(5).

Erdmann, M. A. (1984, August). On motion planning with uncertainty. Master's thesis, Massachusetts Institute of Technology.

Erdmann, M. A. (1994). On a representation of friction in configuration space. *International Journal of Robotics Research 13*(3), 240–271.

Erdmann, M. A. and M. T. Mason (1988, August). An exploration of sensorless manipulation. *IEEE Journal of Robotics and Automation 4*(4), 369–379.

Fujimori, T. (1990). Development of flexible assembly system SMART. In *Proceedings, International Symposium on Industrial Robots*, pp. 75–82.

Gillmor, C. S. (1971). *Coulomb and the Evolution of Physics and Engineering in Eighteenth Century France*. Princeton, New Jersey: Princeton University Press.

Goldberg, K. Y. (1993). Orienting polygonal parts without sensors. *Algorithmica 10*, 201–225.

Goldman, A. J. and A. W. Tucker (1956). Polyhedral convex cones. In H. W. Kuhn and A. W. Tucker (Eds.), *Linear Inequalities and Related Systems*, pp. 19–39. Princeton, NJ: Princeton University Press. Volume 38, Annals of Mathematics Studies.

Goyal, S. (1989). *Planar Sliding of a Rigid Body With Dry Friction: Limit Surfaces and Dynamics of Motion*. Ph. D. thesis, Cornell University, Dept. of Mechanical Engineering.

Goyal, S., A. Ruina, and J. Papadopoulos (1991). Planar sliding with dry friction. Part 1. Limit surface and moment function. *Wear 143*, 307–330.

Grossman, D. D. and M. W. Blasgen (1975, September). Orienting mechanical parts by computer-controlled manipulator. *IEEE Transactions on Systems, Man, and Cybernetics*.

Guibas, L. J., L. Ramshaw, and J. Stolfi (1983, November). The kinetic framework for computational geometry. In *Proc. the 24th Annual Symposium on Foundations of Computer Science (FOCS)*, Tucson, Arizona, pp. 100–111. IEEE.

Halperin, D., L. Kavraki, and J.-C. Latombe (1997). *Robotics*, Chapter 41, pp. 755–778. CRC Press.

Hanafusa, H. and H. Asada (1977). Stable prehension by a robot hand with elastic fingers. In *Proceedings of the Seventh International Symposium on Industrial Robots*, pp. 361–368.

Hartenberg, R. S. and J. Denavit (1964). *Kinematic Synthesis of Linkages*. McGraw-Hill.

Hilbert, D. and S. Cohn-Vossen (1952). *Geometry and the Imagination*. Chelsea.

Hirai, S. and H. Asada (1993, October). Kinematics and statics of manipulation using the theory of polyhedral convex cones. *International Journal of Robotics Research 12*(5), 434–447.

Homem de Mello, L. S. and A. C. Sanderson (1990). AND/OR graph representation of assembly plans. *IEEE Transactions on Robotics and Automation 6*(2), 188–199.

Hove, B. and J. Slotine (1991, June). Experiments in robotic catching. In *Proceedings of the 1991 American Control Conference*, pp. 380–385.

Howe, R. D. and M. R. Cutkosky (1996, December). Practical force-motion models for sliding manipulation. *International Journal of Robotics Research 15*(6), 557–572.

Huang, W., E. P. Krotkov, and M. T. Mason (1995). Impulsive manipulation. In *IEEE International Conference on Robotics and Automation*, pp. 120–125.

242

Huang, W. H. (1997, August). *Impulsive Manipulation*. Ph. D. thesis, Carnegie Mellon University. CMU-RI-TR-97-29.

Hunt, K. H. (1978). *Kinematic Geometry of Mechanisms*. Oxford University Press.

Kane, T. R. and D. A. Levinson (1978, December). Successive finite rotations. *Journal of Applied Mechanics 45*.

Kerr, J. and B. Roth (1986). Analysis of multifingered hands. *International Journal of Robotics Research 4*(4), 3–17.

Khatib, O. (1980). *Commande Dynamique dans l'Espace Opérationnel des Robots Manipulateurs en Présence d'Obstacles*. Ph. D. thesis, Ecole Nationale Supérieure de l'Aéronautique et de l'Espace, Toulouse.

Khatib, O. (1986). Real-time obstacle avoidance for manipulators and mobile robots. *International Journal of Robotics Research 5*(1), 90–98.

Koditschek, D. E. (1993). Dynamically dexterous robots. In M. W. Spong, F. L. Lewis, and C. T. Abdallah (Eds.), *Robot Control: Dynamics, Motion Planning and Analysis*. New York: IEEE Press.

Korn, G. A. and T. M. Korn (1968). *Mathematical Handbook for Scientists and Engineers* (second ed.). New York: McGraw-Hill.

Lakshminarayana, K. (1978). Mechanics of form closure. ASME Rep. 78-DET-32, 1978.

Latombe, J.-C. (1991). A fast path planner for a car-like indoor mobile robot. In *National Conference on Artificial Intelligence*, pp. 659–665.

Li, Z. and J. Canny (1990). Motion of two rigid bodies with rolling constraint. *IEEE Transactions on Robotics and Automation 6*, 62–72.

Lin, Q. and J. W. Burdick (2000, June). Objective and frame-invarient kinematic metric functions for rigid bodies. *International Journal of Robotics Research 19*(6), 612–625.

Lozano-Pérez, T. and M. A. Wesley (1979). An algorithm for planning collision-free paths among polyhedral obstacles. *Communications of the ACM 22*, 560–570.

Lynch, K. M. and M. T. Mason (1996, December). Stable pushing: Mechanics, controllability, and planning. *International Journal of Robotics Research 15*(6), 533–556.

Lynch, K. M. and M. T. Mason (1999, January). Dynamic nonprehensile manipulation: Controllability, planning and experiments. *International Journal of Robotics Research 18*(1), 64–92.

MacMillan, W. D. (1936). *Dynamics of Rigid Bodies*. Dover, New York.

Mason, M. T. (1986, Fall). Mechanics and planning of manipulator pushing operations. *International Journal of Robotics Research 5*(3), 53–71.

Mason, M. T. (1991, November). Two graphical methods for planar contact problems. In *IEEE/RSJ International Conference on Intelligent Robots and Systems*, Osaka, Japan, pp. 443–448.

Mason, M. T. and K. M. Lynch (1993). Dynamic manipulation. In *IEEE/RSJ International Conference on Intelligent Robots and Systems*, Yokohama, Japan, pp. 152–159.

Mason, M. T. and J. K. Salisbury, Jr. (1985). *Robot Hands and the Mechanics of Manipulation*. The MIT Press.

McCarthy, J. M. (1990). *Introduction to Theoretical Kinematics*. MIT Press.

McGeer, T. (1990). Passive dynamic walking. *International Journal of Robotics Research 9*(2), 62–82.

McGhee, R. B. and A. A. Frank (1968). On the stability properties of quadruped creeping gaits. *Mathematical Biosciences 3*, 331–351.

Mishra, B., J. T. Schwartz, and M. Sharir (1987). On the existence and synthesis of multifinger positive grips. *Algorithmica 2*(4), 541–558.

Miura, H. (1993). Private communication.

Miura, H. and I. Shimoyama (1984). Dynamic walk of a biped. *International Journal of Robotics Research 3*(2), 60–74.

Miyazaki, F. (1993). Motion Planning and Control for a Robot Performer (videotape).

Montana, D. J. (1988, June). The kinematics of contact and grasp. *International Journal of Robotics Research 7*(3), 17–32.

Murray, R. M., Z. Li, and S. S. Sastry (1994). *A Mathematical Introduction to Robotic Manipulation*. CRC Press.

Napier, J. (1993). *Hands*. Princeton University Press.

Nguyen, V.-D. (1988). Constructing force-closure grasps. *International Journal of Robotics Research 7*(3).

Ohwovoriole, M. S. (1980). *An Extension of Screw Theory and Its Application to the Automation of Industrial Assembly*. Ph. D. thesis, Stanford University.

Okamura, A. M., N. Smaby, and M. R. Cutkosky (2000). An overview of dexterous manipulation. In *IEEE International Conference on Robotics and Automation*, pp. 255–262.

Overton, M. L. (1983). A quadratically convergent method for minimizing a sum of Euclidean norms. *Math. Programming 27*, 34–63.

Painlevé, P. (1895). Sur les lois du frottement de glissement. *Comptes Rendus de l'Académie des Sciences 121*, 112–115.

Pang, J. and J. Trinkle (1996). Complementarity formulations and existence of solutions of dynamic multi-rigid-body contact problems with Coulomb friction. *Mathematical Programming 73*, 199–226.

Paul, B. (1979). *Kinematics and Dynamics of Planar Machinery*. New Jersey: Prentice-Hall.

Peshkin, M. A. and A. C. Sanderson (1988a, December). The motion of a pushed, sliding workpiece. *IEEE Journal of Robotics and Automation 4*(6), 569–598.

Peshkin, M. A. and A. C. Sanderson (1988b, October). Planning robotic manipulation strategies for workpieces that slide. *IEEE Journal of Robotics and Automation 4*(5), 524–531.

Peshkin, M. A. and A. C. Sanderson (1989, February). Minimization of energy in quasi-static manipulation. *IEEE Transactions on Robotics and Automation 5*(1), 53–60.

Prescott, J. (1923). *Mechanics of Particles and Rigid Bodies.* Longmans, Green, and Co., London.

Raibert, M. H. (1986). *Legged Robots That Balance.* Cambridge: MIT Press.

Rajan, V. T., R. Burridge, and J. T. Schwartz (1987, March). Dynamics of a rigid body in frictional contact with rigid walls. In *IEEE International Conference on Robotics and Automation*, Raleigh, North Carolina, pp. 671–677.

Reuleaux, F. (1876). *The Kinematics of Machinery.* MacMillan. Reprinted by Dover, 1963.

Rimon, E. and J. W. Burdick (1995, June). New bounds on the number of frictionless fingers required to immobilize planar objects. *Journal of Robotic Systems 12*(6), 433–451.

Rizzi, A. A. and D. E. Koditschek (1992). Progress in spatial robot juggling. In *IEEE International Conference on Robotics and Automation*, Nice, France, pp. 775–780.

Roth, B. (1984). Screws, motors, and wrenches that cannot be bought in a hardware store. In M. Brady and R. Paul (Eds.), *Robotics Research: The First International Symposium*, pp. 679–693. MIT Press.

Routh, E. J. (1913). *Dynamics of a System of Rigid Bodies.* MacMillan and Co.

Saito, F., T. Fukuda, and F. Arai (1994, February). Swing and locomotion control for a two-link brachiation robot. *IEEE Control Systems Magazine 14*(1), 5–12.

Sakaguchi, T., Y. Masutani, and F. Miyazaki (1991). A study on juggling task. In *IEEE/RSJ International Conference on Intelligent Robots and Systems*, Osaka, Japan, pp. 1418–1423.

Salamin, E. (1979). Application of quaternions to computation with rotations. Internal Working Paper, Stanford Artificial Intelligence Lab.

Salisbury, Jr., J. K. (1982). *Kinematic and Force Analysis of Articulated Hands.* Ph. D. thesis, Stanford University.

Savage-Rumbaugh, S. and R. Lewin (1994). *Kanzi: The Ape at the Brink of the Human Mind.* John Wiley and Sons.

Schaal, S., C. G. Atkeson, and S. Botros (1992). What should be learned? In *Seventh Yale Workshop on Adaptive and Learning Systems*, pp. 199–204.

Simunovic, S. N. (1975, September 22–24). Force information in assembly processes. In *Proceedings, 5th International Symposium on Industrial Robots.*

Stewart, D. E. (1998). Convergence of a time-stepping scheme for rigid-body dynamics and resolution of Painlevé's problem. *Arch. Rational Mech. Anal. 145*, 215–260.

Stewart, D. E. (2000). Rigid-body dynamics with friction and impact. *SIAM Review 42*(1), 3–39.

Stolfi, J. (1988, May). *Primitives for Computational Geometry.* Ph. D. thesis, Stanford Univ., Department of Computer Science.

Symon, K. R. (1971). *Mechanics.* Addison-Wesley.

Trinkle, J. C. (1992, October). On the stability and instantaneous velocity of grasped frictionless objects. *IEEE Transactions on Robotics and Automation 8*(5), 560–572.

Trinkle, J. C., J.-S. Pang, S. Sudarsky, and G. Lo (1997). On dynamic multi-rigid-body contact problems with Coulomb friction. *Z. angew. Math. Mech. 77*(4), 267–279.

Truesdell, C. (1968). *Essays in the History of Mechanics.* New York: Springer-Verlag.

Wang, Y. and M. T. Mason (1992, September). Two-dimensional rigid-body collisions with friction. *ASME Journal of Applied Mechanics 59*, 635–641.

Wilson, F. R. (1998). *The Hand.* New York: Pantheon.

Yokokohji, Y., Y. Yu, N. Nakasu, and T. Yoshikawa (1993). Quasi-dynamic manipulation of constrained object by robot fingers in assembly tasks. In *Proceedings of 1993 IEEE/RSJ International Conference on Intelligent Robots And Systems*, pp. 144–151.

索　引

索引中的页码为英文原书页码，与书中页边栏注的页码一致。

推荐阅读

移动机器人学：数学基础、模型构建及实现方法

作者：[美] 阿朗佐·凯利（Alonzo Kelly） 译者：王巍 崔维娜 等
ISBN：978-7-111-63349-5 定价：159.00元

卡内基梅隆大学国家机器人工程中心(NREC)研究主任、机器人研究所阿朗佐·凯利教授力作。集合众多领域的核心领域于一体，全面讨论移动机器人领域的基本知识和关键技术。全书按照构建移动机器人的步骤来组织章节，每一章探讨一个新的主题或一项新的功能，包括数值方法、信号处理、估计和控制理论、计算机视觉和人工智能。

工业机器人系统及应用

作者：[美] 马克·R. 米勒（Mark R. Miller），雷克斯·米勒（Rex Miller） 译者：张永德 路明月 代雪松
ISBN：978-7-111-63141-5 定价：89.00元

由机器人领域的两位技术专家和资深教授联袂撰写，聚焦于工业机器人，涵盖其组成结构、电气控制及实践应用，为机器人的设计、生产、布置、操作和维护提供全流程的详细指南。

推荐阅读

  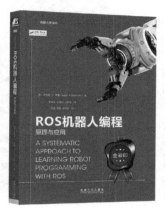

机器人学导论（原书第4版）

作者：[美] 约翰 J. 克雷格 ISBN：978-7-111-59031 定价：79.00元

现代机器人学：机构、规划与控制

作者：[美] 凯文·M. 林奇 等 ISBN：978-7-111-63984 定价：139.00元

自主移动机器人与多机器人系统：运动规划、通信和集群

作者：[以] 尤金·卡根 等 ISBN：978-7-111-68743 定价：99.00元

移动机器人学：数学基础、模型构建及实现方法

作者：[美] 阿朗佐·凯利 ISBN：978-7-111-63349 定价：159.00元

工业机器人系统及应用

作者：[美] 马克·R. 米勒 等 ISBN：978-7-111-63141 定价：89.00元

ROS机器人编程：原理与应用

作者：[美] 怀亚特·S. 纽曼 ISBN：978-7-111-63349 定价：199.00元